JN232132

スマホだけでもOK!

VTuberのはじめかた

マシーナリーとも子&リブロワークス 著

洋泉社

はじめに

バーチャルYouTuber、通称「VTuber」の人気はとどまるところを知りません。

2017年末ごろから人気に火がつき、2018年にはVTuberの総数が5000人を突破したともいわれています。

VTuber界のトップで活躍する人々は、企業が出資する形で運営している「企業系VTuber」と呼ばれる人が多く、コストも手間もかけています。これを一般の人が真似するのは容易ではありません。

本書は、「VTuberになってみたい。でもやりかたがわからないし、お金もかけたくない……。」そんな方のために作りました。

はじめから3Dで細部まで作り込んだVTuberを目指すのではなく、最低限の手間とコストで簡単に、ゆるく始められるものを中心に紹介しています。

もっとも手軽な方法が、スマホでVTuberになる方法。各社からリリースされているアプリを利用すれば、専門知識がなくてもすぐにVTuberデビューできます。しかもほとんどのアプリは無料。Chapter1で詳しく解説しています。

用意されたアバターを動かすだけでは物足りない……というあなたにおすすめなのが、パソコンを使ってVTuberになる方法。世界でたった1つのオリジナルキャラクターを作って動かせます。Chapter2では、パソコンを使う方法のなかでも比較的挑戦しやすい「Live2D」と「FaceRig」を使って2Dのアバターを動かす方法を、発案から丸2日でVTuberになったマシーナリーとも子が解説します。

Chapter3では、VTuberとして動画デビューするときに最低限必要な動画の編集方法を解説します。ゲーム実況動画の作り方や、ちょっとしたコツをゆる～く紹介します。

本書のテーマはとにかく「ゆるくやる」こと。はじめから理想を高く持ち、しっかりしたものを作ろうとすると挫折しがちですし、どのような形でも最初の一歩を踏み出すことが大事だからです。

本書がVTuberデビューのきっかけになれば嬉しい限りです。

2018年12月
マシーナリーとも子
リブロワークス

CONTENTS

STEP 02 自分でLive2Dモデルを作ってみよう

STEP 03 動画の編集に挑戦しよう

CHAPTER

01

スマホでVTuberデビューしよう

文：リブロワークス

この章では、カメラに合わせて動くキャラクターの作成や、そのキャラクターを使って動画の配信などができるスマホアプリを紹介します。スマホ一台あれば気軽にはじめられるものばかりなので、とにかくすぐにはじめたい、という方におすすめです。

ホロライブでVTuberになろう

「ホロライブ」は、人気VTuber「ときのそら」などが所属するカバー株式会社が開発したアプリ。カメラで表情を認識してキャラクターになりきることができます。

iOS　Android

ホロライブ	
開発者	カバー株式会社
価格	無料
対応機種	iPhone（iOS 10.0以降）、Android（4.4以上）

キャラクターを作る

シンプルな画面構成が特徴の「ホロライブ」。会員登録なしで気軽に遊べます。まずはカメラへのアクセスを許可し、キャラクターを動かしてみましょう。

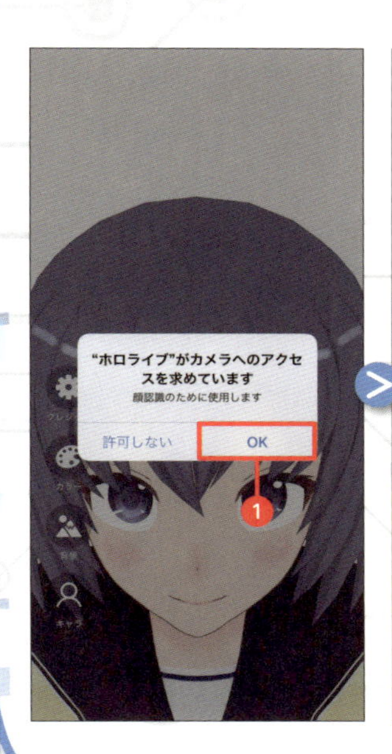

1 アプリを起動すると、「"ホロライブ" がカメラへのアクセスを求めています」と表示されるので、「OK」をタップして許可します❶。

2 画面上のキャラクターとカメラが認識しているあなたの表情がリンクします。まばたきをしたり、口を開けたりすると、キャラクターの表情と連動するので試してみましょう。

キャラクターや背景を変更する

1 一部のキャラクターは、髪の色や目の色を変更できます。「カラー」をタップ❶し、「赤」「緑」「青」のスライダーを変更すると髪の色が変わります❷。

2 目のアイコンをタップ❸し、髪の色と同様に「赤」「緑」「青」のスライダーを変更すると目の色が変わります❹。

3 続いてキャラクターを変えてみましょう。「キャラ」をタップ❺し、好きなキャラクターをタップします❻。

4 キャラクターが変更されました。4種類のキャラクターから選べます。

ボタン類を非表示にする

「キャラ」「背景」などのボタン類は、画面の何も表示されていない部分をタップすると非表示にできます。録画するときなどは非表示にしておくとよいでしょう。

5 背景も変更できます。「背景」をタップ❼し、好きな背景を選択してみましょう❽。

6 背景が変更されました。キャラクターと同様に、背景も４種類用意されています。

画面を録画するための準備

1 「ホロライブ」アプリ自体に録画機能はありません。ここではiPhoneの標準機能「画面収録」を使って録画する方法を紹介します。
　まず、iPhoneの「設定」アプリで「コントロールセンター」❶→「コントロールをカスタマイズ」❷の順にタップします。

2 「画面収録」がコントロールセンターに表示されていない場合は、「画面収録」をタップして追加します❸。これで準備完了。

画面を録画する

1 キャラクターや背景の選択など、準備が整ったら画面の右上からスワイプ❶し、コントロールセンターを開きます。続いて画面収録のアイコンをタップ❷。

2 3秒間のカウントダウンが始まります。ここで画面を上にスワイプ❸し、「ホロライブ」の画面に戻ります。

3 録画が始まります。自由に話したり歌ったり、動いたりしてみましょう。

録画を終了するときは、収録開始時と同様に画面の右上からスワイプし、コントロールセンターを呼び出します❹。

4 画面収録のアイコンをタップ❺すると、収録が終了し、動画が保存されます。

動画は「写真」アプリで確認・編集できます。

いかがでしたか？ 表情に連動してキャラクターが動くのが実感できたでしょうか。動画を投稿すれば、あっという間にVTuberデビューできます。

Androidで録画するには？

「ホロライブ」アプリは、Androidにも対応しています。Androidには標準で「画面収録」機能はありませんが、フリーのキャプチャアプリ等を利用すれば録画できます。パソコンを持っている場合は、パソコンにつないで画面キャプチャすることも可能です。

SCENE 02

パペ文字でVTuberになろう

「パペ文字」は、スマホだけで美少女キャラクターや動物に変身できる動画撮影アプリ。操作が簡単なので、VTuberデビューにおすすめです。

iOS

パペ文字

開発者	株式会社ViRD
価格	無料
対応機種	iPhone X

ログインしてキャラクターを作る

「パペ文字」はiPhoneのインカメラで表情を読み取り、キャラクターの表情に反映します。モデル（アバター）は数種類用意されているので、アプリをインストールして起動すればすぐに動画撮影が始められます。

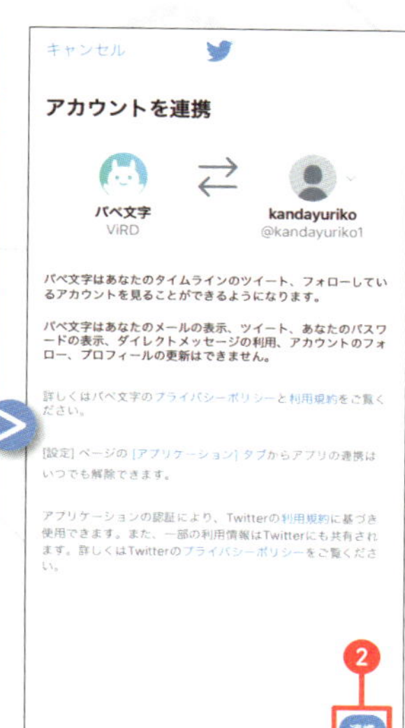

1 アプリを起動し、「Twitterでログイン」をタップします❶。あとでログインする、またはログインせず使う場合は、「スキップ」をタップして先に進みましょう。

2 Twitterアプリがインストールされている場合は、Twitterアプリが起動します。内容を確認し「連携」をタップします❷。

3 カメラへのアクセスを許可し、チュートリアル画面を先に進めます。カメラを注視すると、顔が認識されキャラクターが自動で表示されます。顔を変更するときは左下のアイコンをタップ❸。

4 「キャラクター」をタップ❹すると、複数のアバターが表示されます。ここでは例として動物のアバターを選択するので、うさぎのアイコンをタップ❺し、うさぎの顔をタップします❻。

5 「背景」をタップ❼すると、背景を選択できます。自分が今いる場所を写したいときは「現実」をタップ。ここでは「360°画像」を選択❽し、風景をタップ❾します。このほか、カメラロールから好きな画像を読み込んで背景にセットすることも可能です。

6 「ボイス」をタップすると❿、声のトーンやエコーの調整ができます。

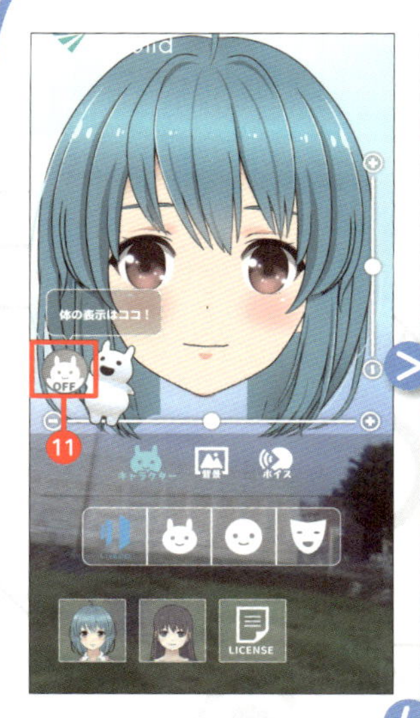

7 一部のキャラクターは、「OFF」をタップすると顔だけでなく体も表示できます⓫。「OFF」のボタンが表示されていないキャラクターは、体は表示できません。

8 体を表示すると、手を動かすためのボタンが表示されます。左右のボタンをそれぞれ押すと、手が動かせます。ここでは右のボタンをタップしてみます⓬。腕がおかしな方向に曲がってしまうこともありますが、触っているうちに慣れるはずです。

横画面表示にも対応

パペ文字では、横画面表示にも対応しています。設定アイコンをタップし、「画面回転」から変更できます。

動画を撮影する

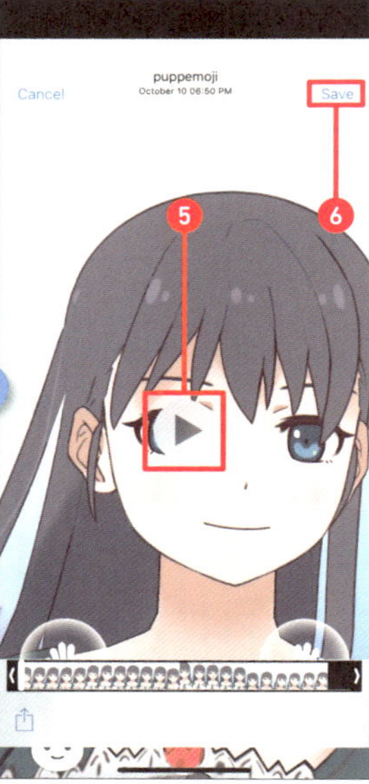

1 アバターを選択し、背景の設定が済んだら録画ボタンをタップします❶。

2 「"Puppemoji" の画面の収録を許可しますか?」と表示されたら、「画面を収録」をタップします❷。

3 画面の録画が始まると、画面上部に「RECORDING」と表示されます❸。画面を見ていないと、「顔を認識してください」と表示されてしまうので注意。録画を終了するときは録画ボタンを再度タップします❹。

4 動画のプレビュー画面が表示されます。再生ボタンをタップして内容を確認❺し、「Save」をタップ❻すると、「写真」アプリに動画として保存されます。「Cancel」をタップすると録画した内容が消えてしまうので注意してください。

ライブ配信する

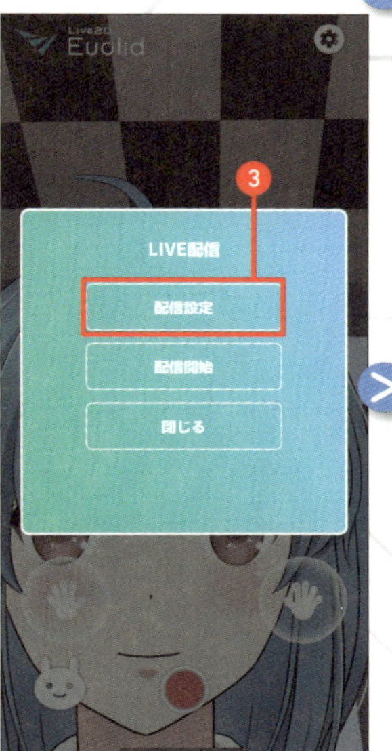

1 外部アプリと連携することで、ライブ配信も可能です。まずは画面右上の設定アイコンをタップ❶。

2 設定メニューが表示されます。中央に表示される「LIVE配信」をタップしましょう❷。

3 初回の配信時は、「配信設定」をタップします❸。

4 端末にインストールされているアプリの中で、連携できるアプリが表示されます。今回は「Mirrativ」をタップ❹。なお、「Mirrativ」は事前に起動し、ログインなどの初期設定を済ませておいてください。

Mirrativとは

スマホだけで実況配信ができるアプリです。配信するには、アカウントを作るか、Twitterアカウントでログインが必要です。

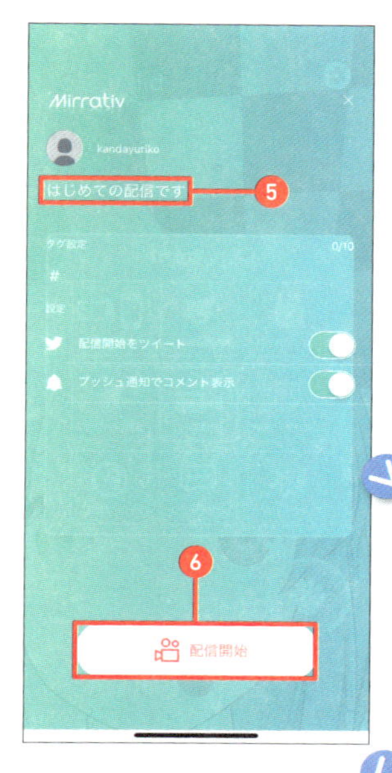

5 配信の確認画面が表示されます。コメントを入力❺し、「配信開始」をタップします❻。そのほかの設定項目は必要に応じて変更してください。

6 「LIVE配信」をタップします❼。

7 「配信開始」をタップ❽すると、配信が開始されます。「×」をタップし、パペ文字の画面に戻りましょう。

8 画面上部に「LIVE配信中」と表示され、ライブ配信されていることがわかります。配信を停止するときは「配信停止」をタップします❾。

通知は非表示にしておこう

ライブ配信中は、画面に表示されたものはすべてリアルタイムに「動画」として配信されます。アプリの通知なども配信されてしまうので、表示されないよう設定しておくと安心です。

SCENE 03

FaceRig（フェイスリグ）でVTuberになろう

「FaceRig」は、世界中で人気を集める動画撮影アプリです。PC版が有名ですが、カメラで表情を認識し、キャラクターを動かせるスマホ版もあります。

iOS

Android

FaceRig	
開発者	Holotech Studios SRL
価格	無料（アプリ内課金あり）
対応機種	iPhone（iOS 8.0以降）、Android（4.3以上）

キャラクターを作る

無料のアバターの種類が豊富で、人間だけでなく猫や犬など、動物のアバターも選べます。ボタン類は英語ですが、すっきりしたわかりやすいデザインなので、迷わず操作できます。さっそくキャラクターを動かしてみましょう。

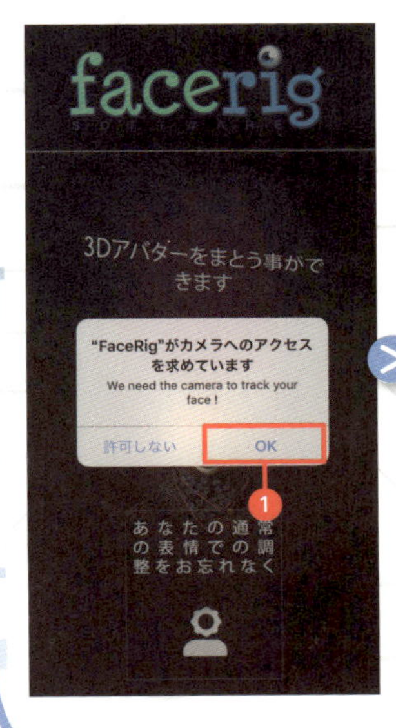

1 アプリを起動すると、「"FaceRig" がカメラへのアクセスを求めています」と表示されるので、「OK」をタップして許可します1。

2 最初はアライグマのキャラクターが表示されます。自分の顔は画面の右上に表示されています2。キャラクターを変更するには、画面左下の人型のアイコンをタップします3。

3 まずは「アバター」タブをタップ❹します。複数のキャラクターが表示されるので、スクロールして好きなキャラクターをタップしましょう❺。

なお、ここで錠前のアイコンが表示されているキャラクターは有料のキャラクターなので、使用には別途課金が必要です。

4 タップしたキャラクターに変更されました。「Live2D」タブでは、Live2Dに対応したキャラクターを選択できます❻。

5 「マスク」タブでは、メガネや帽子、顔面マスク、ひげなどを選択できます❼。

6 「背景」タブでは、背景を変更できます❽。好きな背景を選んでタップしてみましょう❾。

Live2D

Live2Dとは、イラストを2Dのまま動かすことができる技術です。FaceRigではLive2Dに対応した有料のキャラクターが複数用意されています。

動画を録画する

1 アバターが準備できたら、画面下部の録画ボタンをタップしましょう❶。このとき、画面右上に映る自分の顔も一緒に録画されるので、注意してください。

2 ここでマイクへのアクセス許可を求められるので、「OK」をタップします❷。音声を録音したくない場合は「許可しない」をタップします。

3 動画の録画が始まります。顔が画面から外れてしまうと認識されなくなり動きが止まってしまうので、撮影しながらコツをつかんでください。

録画を終了するときは、録画ボタンを再度タップします❸。

4 録画が完了しました。確認するときは再生ボタンをタップします❹。保存／共有したいときは、共有アイコンをタップします❺。保存せず戻ると録画した動画が消えてしまうので注意してください。

アバターを購入する

1 FaceRigでは、Live2Dで作ったアバターも読み込めます。ただし、自作アバターを使うには1,200円かかります。

自作のアバターを使う場合は、「Live2D」タブをタップ❶し、「+」をタップします❷。

2 「¥1,200で購入」をタップ❸すると、購入の確認画面が表示されます。「支払い」をタップすると購入が完了します❹。

3 このほか、「アバター セール」タブには、複数のアバターをまとめて購入できるパック（アバターのセット）があります。

ここでは試しに「かわいさパック」をタップします❺。

4 パックを購入すると、6種類のアバターのロックが解除され、使えるようになりました。

アバター10種で600円など、お得なパックもあるのでチェックしてみては。

支払いに進めない場合

有料アバターを購入するときに支払い画面に進めず、「iCloudアカウントにサインインしてください」と表示されることがあります。そんなときは、「設定」アプリでiCloudにサインインしているか確認し、スマホの再起動を試してください。

ミー文字でVTuberになろう

「ミー文字」は、iPhone X、XS／XS Max、XRに搭載されている機能です。「メッセージ」アプリから顔のカスタマイズや動画の撮影が可能です。

「メッセージ」からミー文字を起動する

VTuberになるための専用アプリではありませんが、肌の色や目の形、髪型、帽子など、好みのデザインを選択してオリジナルアバターが作れます。録画時間は最大30秒と短めですが、追加アプリのインストールなく手軽に始められるのでおすすめです。まずは「メッセージ」アプリを起動しましょう。

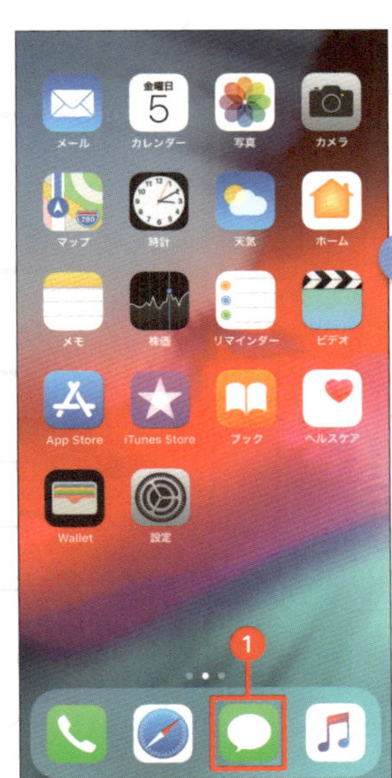

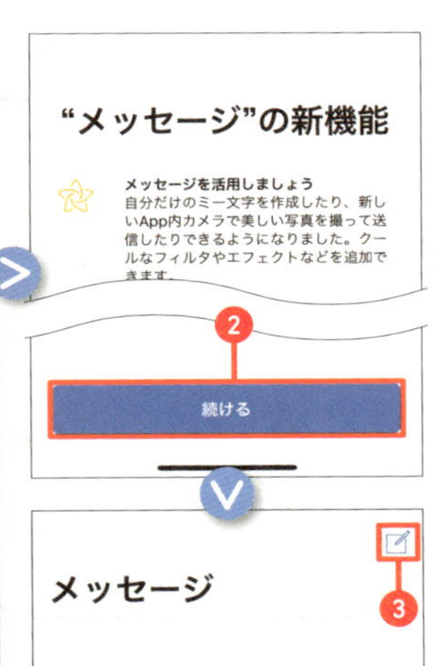

1 iPhoneで「メッセージ」アプリを起動します❶。

2 メッセージの新機能を紹介する画面が表示されるので、「続ける」をタップします❷。

3 右上のアイコンをタップ❸して、新規メッセージ作成画面を開きます。

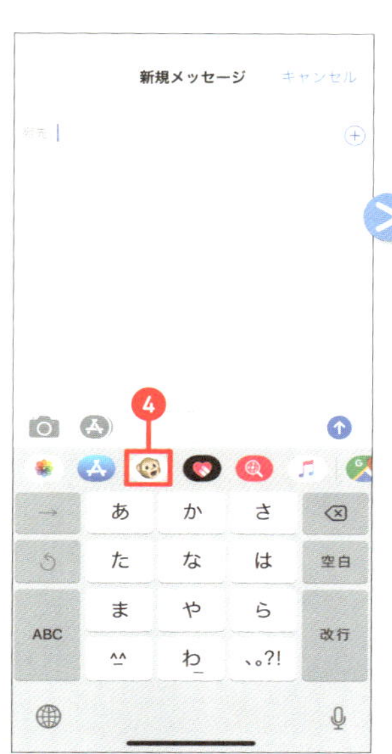

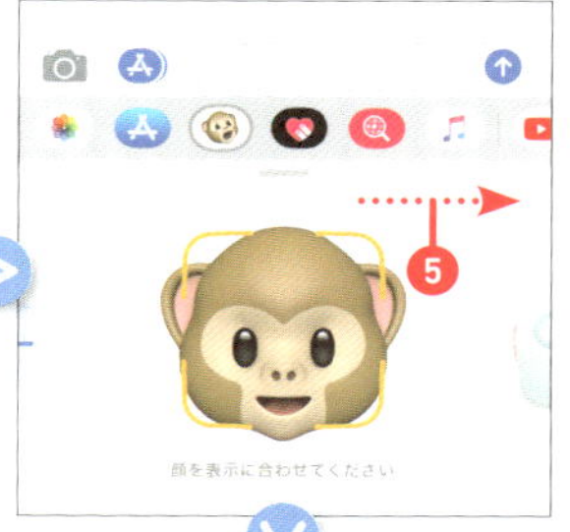

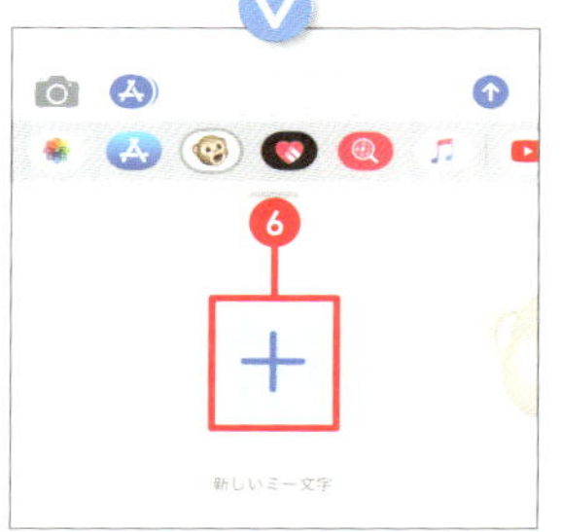

4 表示されるメニューアイコンの中から、サルのアイコンをタップします❹。

5 サルのアニ文字が表示されるので、画面を右にスワイプします❺。

6 「＋」をタップ❻すると、オリジナルアバターを使ったミー文字が作成できます。

ミー文字を作成する（その1）

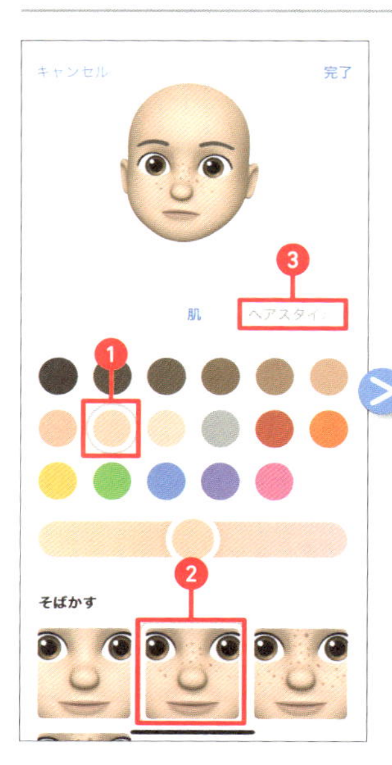

1 ミー文字のカスタマイズ画面が表示されます。まずは肌の色を選択❶し、そばかすを選択します❷。
　選択すると画面の顔に反映されます。続いて「ヘアスタイル」をタップします❸。

2 「ヘアスタイル」が表示されます。画面を下にスクロールし、髪型を選択しましょう❹。

ミー文字を作成する（その2）

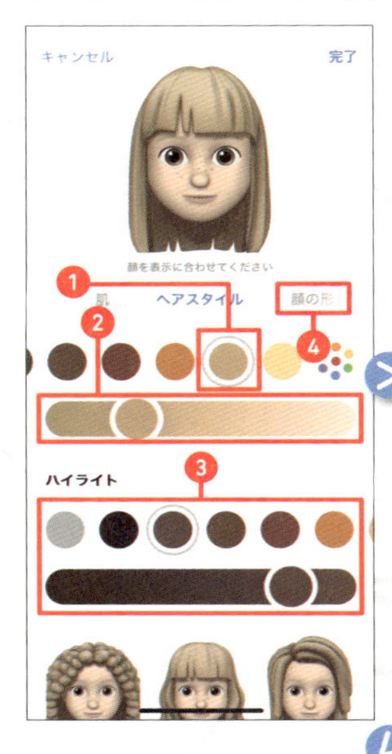

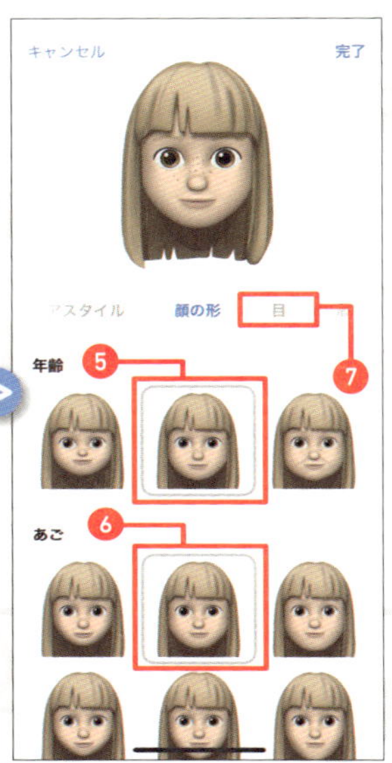

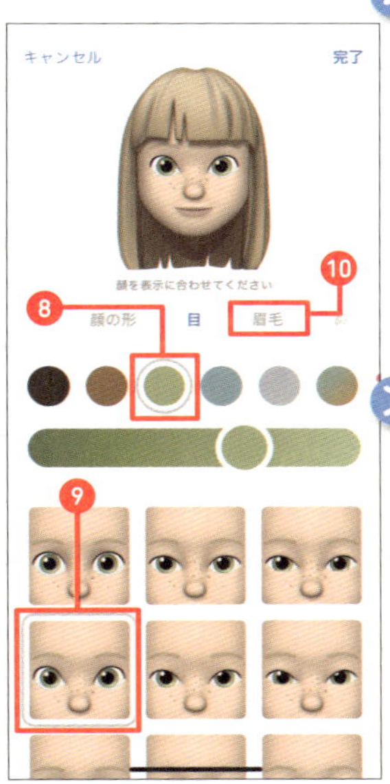

1 上段で髪の色を選択します❶。色の濃淡はバーをスライドして変更できます❷。「ハイライト」では髪にハイライトを入れることもできます❸。
　続いて「顔の形」をタップ❹して、自分好みの顔のキャラクターを作っていきましょう。

2 「顔の形」が表示されます。まず上段で年齢を3種類から選択❺し、続いてあごの形、顔の長さを選択します❻。続いて「目」をタップします❼。

3 「目」が表示されます。まず目の色を選択❽し、続いて目の形を一覧から選択します❾。続いて「眉毛」をタップします❿。

4 「眉毛」が表示されます。まず眉毛の色を選択⓫し、続いて眉毛の形を一覧から選択します⓬。続いて「鼻と唇」をタップします⓭。

ミー文字を作成する（その3）

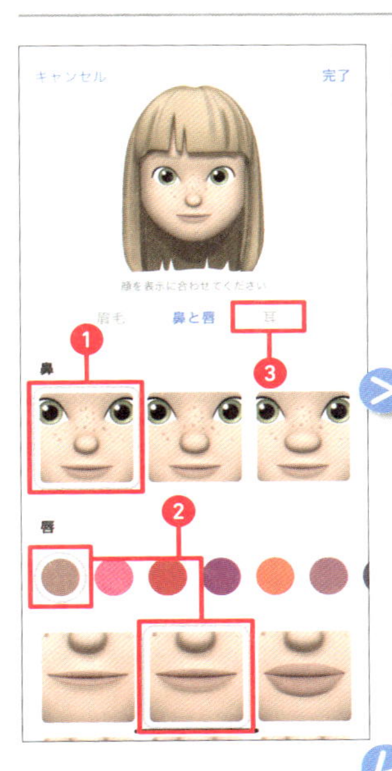

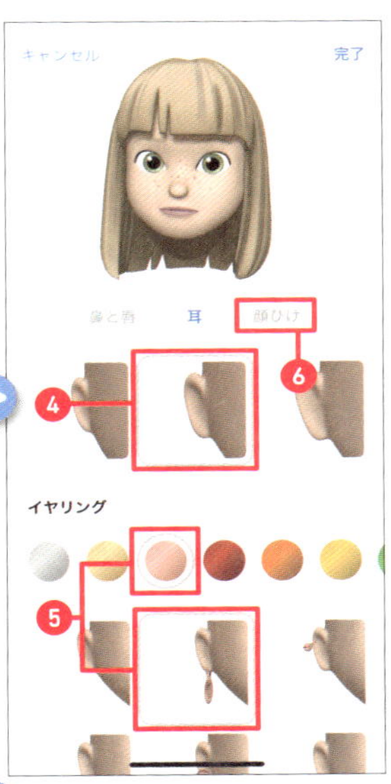

1 「鼻と唇」が表示されます。まず鼻の形を3種類から選択❶し、次に唇の形と色を選択します❷。続いて「耳」をタップします❸。

2 「耳」が表示されます。まず耳の形を3種類から選択❹し、次にイヤリングの色と形を選択します❺。続いて「顔ひげ」をタップします❻。

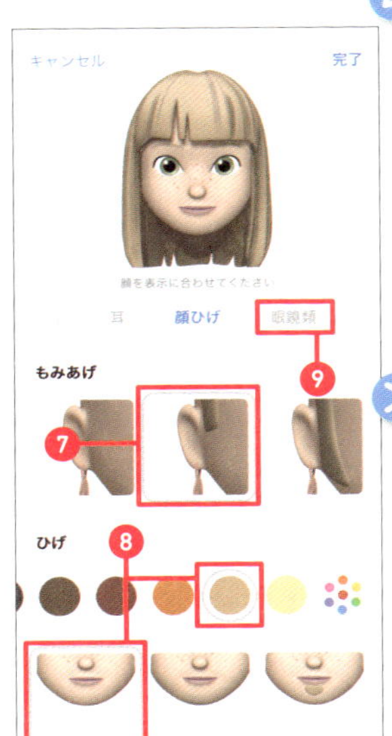

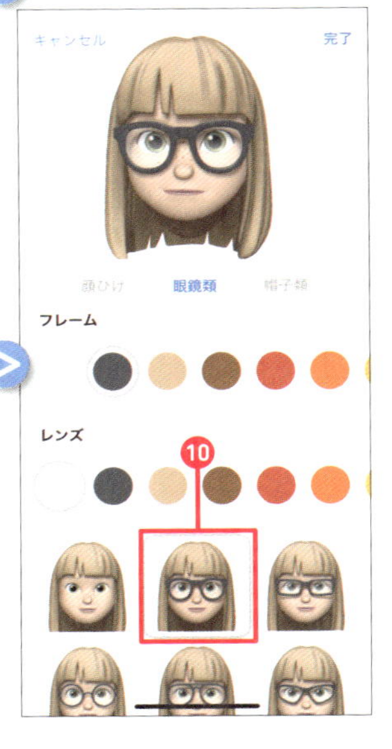

3 「顔ひげ」が表示されます。もみあげの形を3種類から選択します❼。色は髪の色と同じになります。次にひげの色と形を選択します❽。

眼鏡をかけたキャラにしたいときは、続いて「眼鏡類」をタップします❾。

4 「眼鏡類」が表示されます。フレームの形を選択します❿。

ミー文字を作成する（その4）

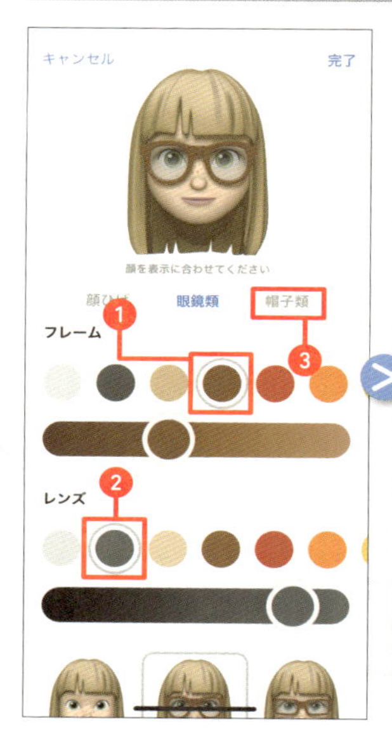

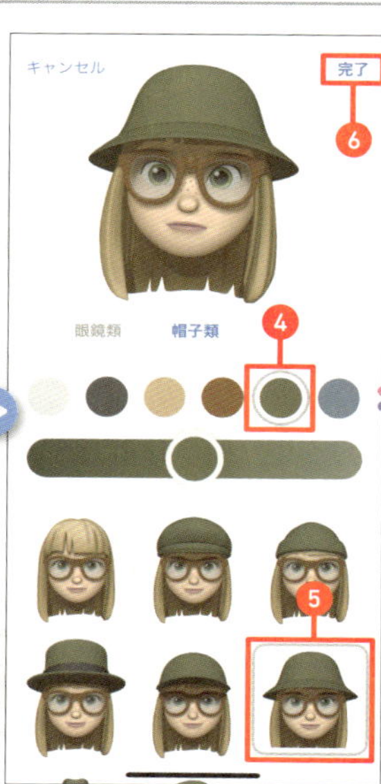

1 フレームの色を選択❶し、レンズの色を選択します❷。

アバターには帽子をかぶせることもできます。帽子を選ぶには続いて「帽子類」をタップします❸。

2 「帽子類」が表示されます。帽子の色を選択❹し、形を選択します❺。

一通り設定ができたら、「完了」をタップして作成したミー文字を保存します❻。

ミー文字で録画・保存する

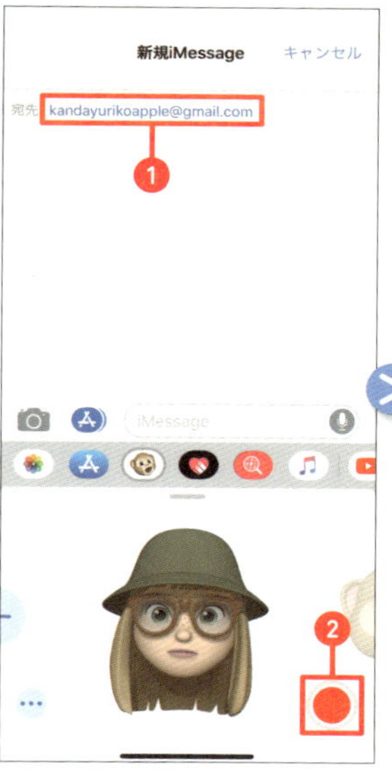

1 ミー文字は、メッセージとして送信（または受信）しないと、動画として保存できません。

新規メッセージ作成画面で宛先を入力します❶。このとき、宛先は自分自身でも構いません。

準備ができたら録画ボタンをタップします❷。

2 最大録画時間は30秒なので、30秒経過するか、停止ボタンをタップ❸すると、録画が終了します。

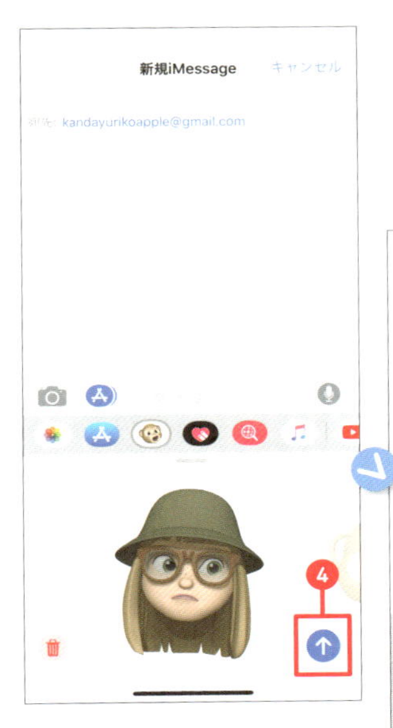

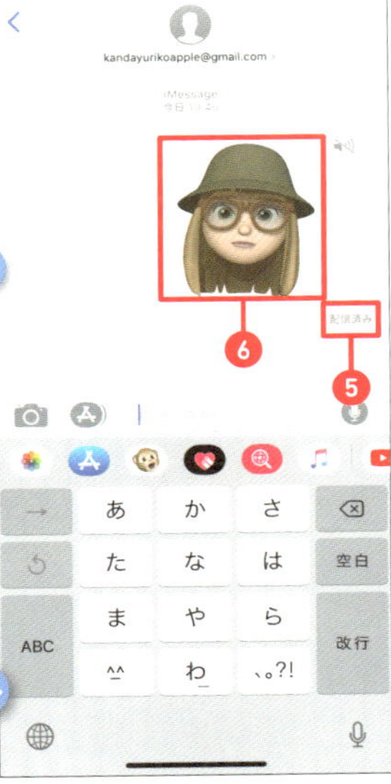

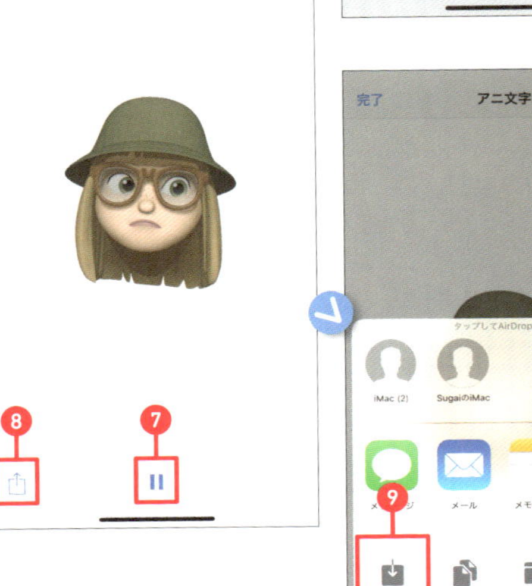

3 送信ボタンをタップします❹。
　もし、録画に失敗したときはゴミ箱のアイコンをタップします。

4 正常に送信されると、「配信済み」と表示されます❺。
　再生するときはミー文字をタップします❻。

5 ミー文字が再生されます。
　一時停止ボタンをタップすると再生が止まります❼。
　続いて共有アイコンをタップします❽。

6 「ビデオを保存」をタップ❾すると、「写真」アプリに動画として保存されます。
　このほか、メールやメモに追加したり、「ファイル」アプリに保存したりすることもできます。

保存した動画のファイル形式

左の手順で保存した動画は、QuickTimeムービー（拡張子「.mov」）として保存されます。

REALITY Avatarで VTuberになろう

「REALITY Avatar」はVTuber専用のライブ配信アプリ。配信者と視聴者はギフトやコメントで双方向のコミュニケーションがとれるのが特長です。

iOS

REALITY Avatar	
開発者	Wright Flyer Live Entertainment, Inc.
価格	無料
対応機種	iPhone X（順次対応予定）

 キャラクターをカスタマイズする

REALITY Avatarはシンプルな画面構成ながらも髪や目、眉毛、服など豊富なアイテムがそろっており、細かいカスタマイズができます。

1 アプリを起動し、TwitterまたはLINEでログインします。今回は「Twitterでログイン」をタップ❶。

2 内容を確認し、「連携」をタップします❷。

3 アプリが起動します。画面下部の4つのタブでカスタマイズできます。

4 髪型のアイコンをタップ3し、好きな髪型をタップします4。髪色も変更してみました5。

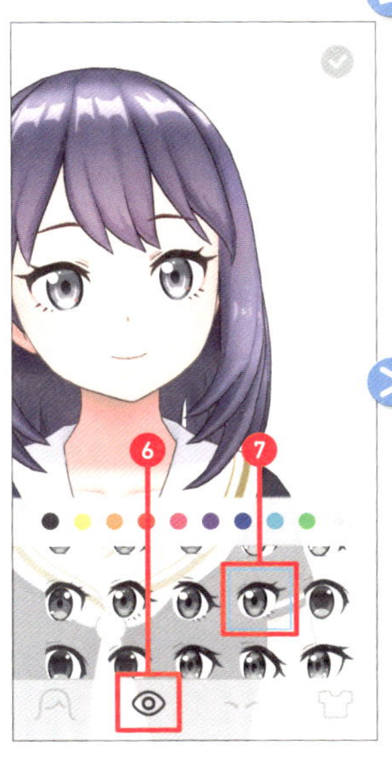

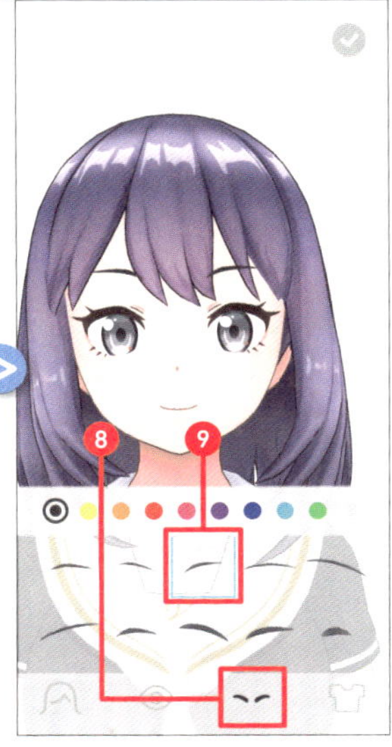

5 目のアイコンをタップ6し、一覧から目の形を選びます7。

6 眉毛も同様に、眉毛のアイコンをタップ8し、好きな形をタップ9。

VTuber配信の視聴は「REALITY」で

姉妹アプリの「REALITY」では、毎日VTuberの配信を無料で見ることができます。配信は夜が中心で、人気のVTuberをフォローすると、配信時に通知でお知らせしてくれます。

7 服のアイコンをタップ⑩して、制服をタップしました⑪。

8 すべてのカスタムが完了したら、画面右上のアイコンをタップします⑫。

プロフィールアイコンの設定と配信

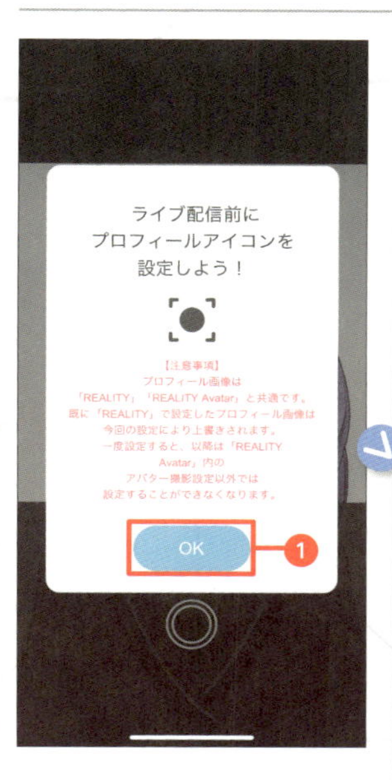

1 「REALITY Avatar」は、配信までアプリ内で完結します。さっそく配信しましょう。
　プロフィールアイコンを設定していない場合、ライブ配信しようとするとこの画面が表示されます。「OK」をタップして設定しましょう❶。

2 シャッターボタンを押す❷と、アイコン用画像が撮影されます。

3 確認して問題がなければアイコンをタップします❸。

左下のアイコンをタップすると再撮影できます。

4 いよいよ配信です。多くの人に配信を見てもらえるよう、コメントは入力しておきましょう❹。準備ができたら「配信する」をタップします❺。

5 画面収録の許可を求める画面が表示されます。「画面とマイクを収録」をタップします❻。なお、「画面のみを収録」をタップするとライブ配信ができません。

6 ライブ配信が始まりました。さっそく動いたり、話したりしてみましょう。画面上部には入室した人やフォローしてくれた人などが表示されます。

配信可能時間に注意

REALITY Avatarでは配信可能な時間が設定されており、配信は18:00～25:00の間のみ行うことができます（2018年11月時点）。配信中に25:00を過ぎると、配信は自動的に終了します。

SCENE 06

Vカツで VTuberになろう

簡単に3Dアバターを作成できるサービスとして人気の「Vカツ」。従来はパソコン版のみでしたが、スマホアプリが登場し、ますます進化しています。

Vカツ

開発者	Siss Co., Ltd.
価格	無料
対応機種	iPhone（iOS 11.0以降）

iOS

キャラクターをカスタマイズする

「Vカツ」のカスタマイズ項目はお化粧やホクロなど、300種類以上あり、自分だけのオリジナルキャラクターが作れます。アプリを起動し、さっそくカスタマイズを始めましょう。

1 アプリを起動します。設定や配信などはここから操作します。まずはキャラクターをカスタマイズするため、左下の「CUSTOM」アイコンをタップしましょう❶。

2 顔のカスタマイズ画面が表示されます。画面下部のアイコンで顔や体、髪型などにカテゴリ分けされており、各カテゴリ内で細かなパーツの調整が可能です。

まずはスライダーを操作し、顔の全体を調整してみます❷。

3 「眉」のように、髪より手前に置くか選択できるパーツもあります❸。

4 「化粧」では、キャラクターにお化粧もできます。「アイシャドウの種類」の「なし」をタップしてみましょう❹。

5 アイシャドウの種類は10種類から選択できます。好きなものをタップします❺。

6 体の形のアイコンをタップ❻すると、「全体」「胸」「上半身」「下半身」などのパーツごとのカスタマイズができます。「身長」のスライダーを動かして身長を低くしてみます❼。

AR MODE

「Vカツ」には、キャラクターを実在する風景に登場させることができる「AR MODE」機能もあります。この機能を使えば、キャラクターと一緒に写真を撮ったりして楽しめます。

髪型や服をカスタマイズする

1 髪型のアイコンをタップ❶すると、後ろ髪や前髪、横髪などを変更できます。「後ろ髪の種類」の「ロングヘア」をタップしましょう❷。

2 髪型の一覧が表示されます。今回は「ツインおさげ」をタップしました❸。

3 続いて髪の色を変更します。「○」の位置を変更すると髪の色が変更できます❹。

4 服のアイコンをタップ❺すると、服やインナー、靴などを変更できます。

まずは「トップスの種類」の「ジャケットタイプ」をタップします❻。

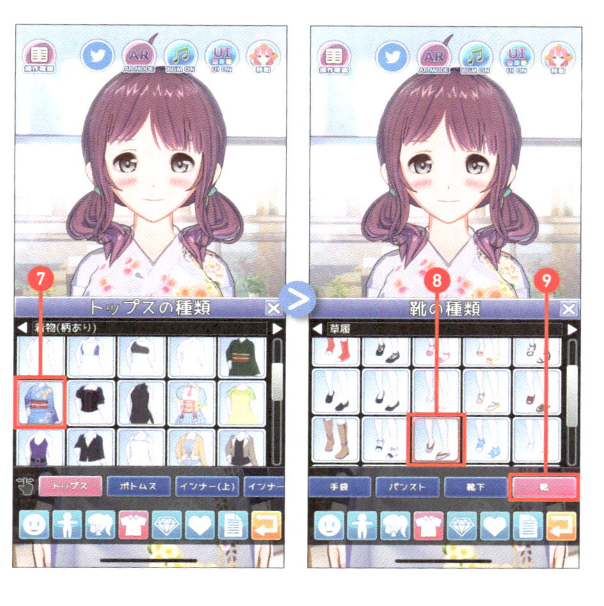

5 種類豊富な服が一覧で表示されます。今回は着物をタップしました7。

6 「靴」をタップ8して、着物に合うよう「草履」を選びました9。

作成したキャラクターを保存する

1 キャラクターの調整が終わったら、書類のアイコンをタップ1し、「キャラ保存」をタップします2。

2 今回は新規で保存するので、「新規保存」をタップします3。

なお、既存のキャラクターを選択し、「上書き保存」することもできます。

3 キャラクター一覧に表示させる画像を撮影します。位置を調整し、「撮影」をタップ❹。

4 左下に撮影した画像が表示されます❺。問題がなければ「保存」をタップします❻。
これであなたのキャラクターが登録されました。続いて配信に挑戦しましょう。

「Mirrativ」と連携しライブ配信する

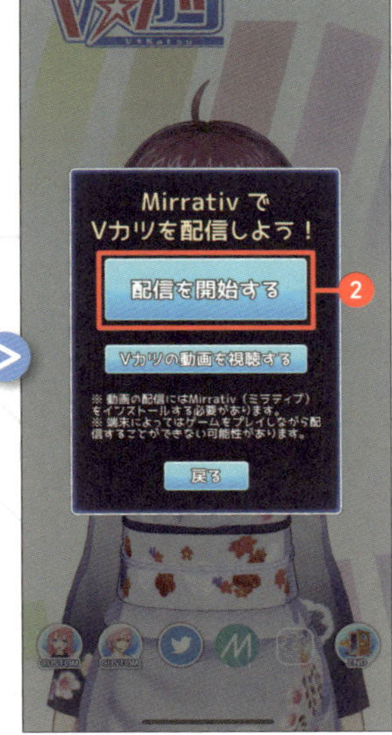

1 「Vカツ」はライブ配信アプリの「Mirrativ」と連携することでライブ配信もできます。事前に「Mirrativ」アプリのインストールが必要です。
まずはアプリ起動後の画面で「Mirrativ」アイコンをタップします❶。

2 「配信を開始する」をタップします❷。
なお、「Vカツの動画を視聴する」をタップすると、Mirrativアプリが起動し、Vカツ関連の動画を閲覧できます。

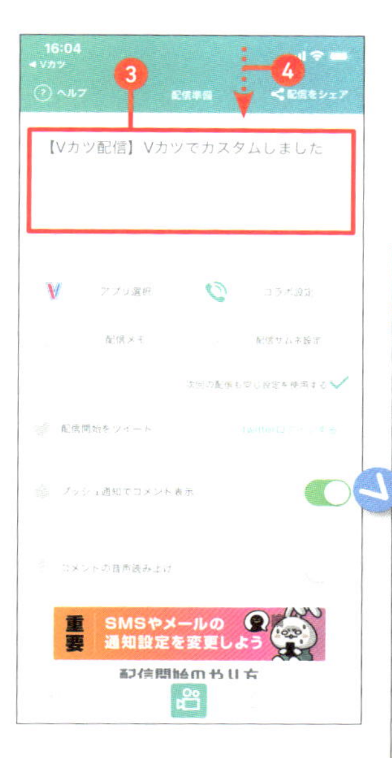

3 Mirrativアプリが起動します。コメントを追加しました❸。

続いて画面右上からスワイプ❹し、コントロールセンターを表示します。

4 「画面収録」アイコンを強く押します❺。

5 「Mirrativ」をタップ❻し、「ブロードキャストを開始」をタップします❼。

6 ライブ配信が始まります。Vカツの画面に戻り、自由に話したりしてみましょう。なお、ブロードキャストを開始しても自動でVカツの画面には戻らないため注意してください。

配信を終了するときは、コントロールセンターから画面収録を停止します。

SCENE 07

カスタムキャストでVTuberになろう

スマホ１つで3Dキャラクターの作成からライブ配信までできる「カスタムキャスト」。顔や髪型、体形、コスチュームは豊富なパーツから選択できます。

iOS

Android

カスタムキャスト	
開発者	DWANGO Co., Ltd.
価格	無料
対応機種	iPhone（iOS 11.0以降）、Android（5.0以上）

キャラクターをカスタマイズする

しっぽをつけられたりアクセサリーが豊富だったりと、ユニークなパーツが多いのがカスタムキャストの魅力です。配信中にキャラにポーズを取らせることも。

1 アプリを起動します。カメラやマイクへのアクセスを求められたら「OK」をタップしましょう。

画面下部にメニューが並んでいます。まずはキャラクターのカスタマイズを行うため、「カスタマイズ」をタップします❶。

2 カスタマイズするキャラクターを選択します。好きなキャラクターを選んでください。ここでは「サンプルプリセット1」をタップ❷し、続けて「はい」をタップします。

顔の形や体形をカスタマイズする

1 右下の「カスタマイズ」をタップ❶すると、カスタマイズメニューが表示されるので、変更したいメニューをタップします。まずは「ボディカスタム」をタップ❷し、顔や体をカスタマイズしましょう。

2 「輪郭」をタップ❸すると、顔の輪郭を調整するバーが表示されます。左右に動かしてみましょう❹。

3 「身長」では身長と足の長さが変更できます❺。今回は身長は低く、足も短くしてみました。

4 「脚」では足の太さを調整できます❻。「足の太さ」では足全体の太さを変更でき、「足の太さ2」ではひざや足首の太さはそのままに、ふくらはぎや太ももだけ太さを変更できます❼。

迷ったら「ランダム」

カスタマイズ画面右下の「ランダム」をタップすると、指定したパーツまたはすべてのパーツをランダムで選んでくれます。

顔や体のパーツをカスタマイズする

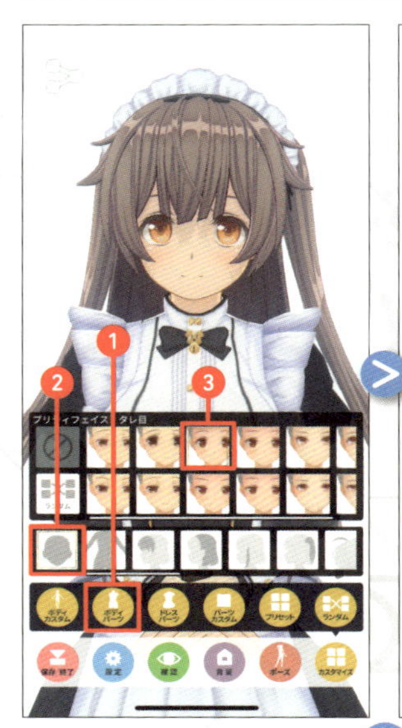

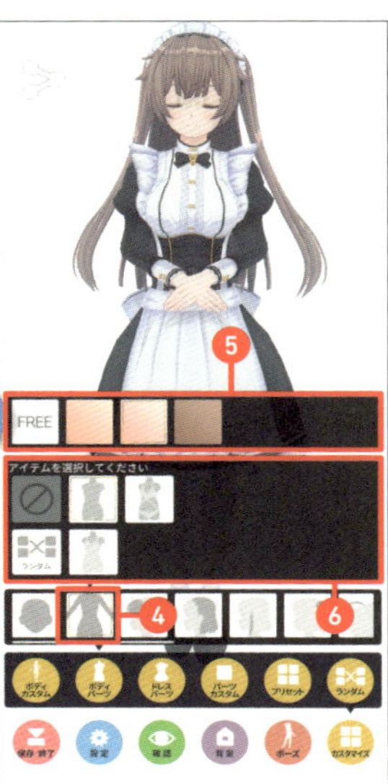

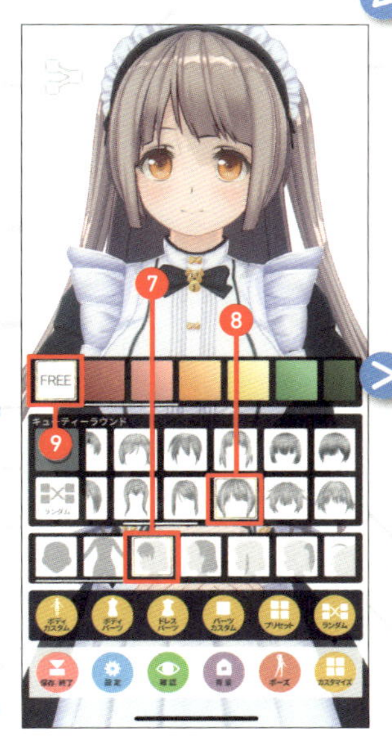

1 続いて「ボディパーツ」をタップしてパーツをカスタマイズしていきます❶。

まずは顔のアイコンをタップ❷し、顔を選びます。タレ目やツリ目など、12種類用意されています。今回は「プリティフェイス・タレ目」を選びました❸。

2 続いて体のアイコンをタップ❹し、肌の色を選択します❺。中段に表示されているアイテムを選ぶ❻と、日焼け跡のある肌にすることもできます。

3 前髪のアイコンをタップ❼し、前髪を選択します❽。後ろ髪、サイドなどに分かれているので、それぞれ設定しましょう。

髪色は一覧から選ぶこともできますが、今回は「FREE」をタップして色を設定しました❾。

4 口のアイコンをタップ❿し、八重歯を選択します⓫。

服や小物をカスタマイズする

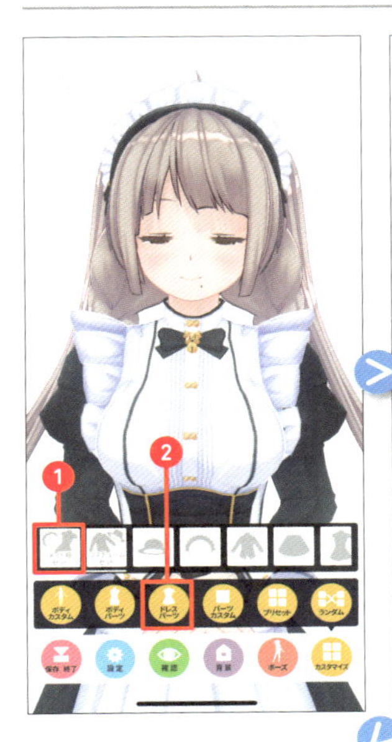

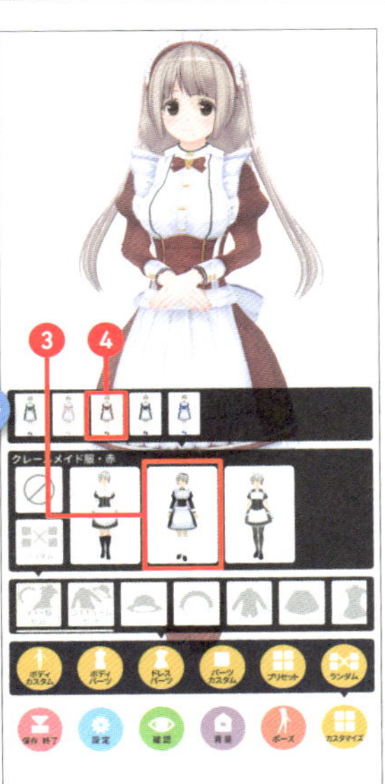

1 「ドレスパーツ」をタップ❶し、服や靴、アクセサリーなどをカスタマイズします。
服はトップスとボトムスなどのアイテムをそれぞれカスタムすることもできますが、今回はまとめて設定できる「メイド服セット」を選んでみます❷。

2 メイド服を３種類から選択❸し、色を選択します❹。

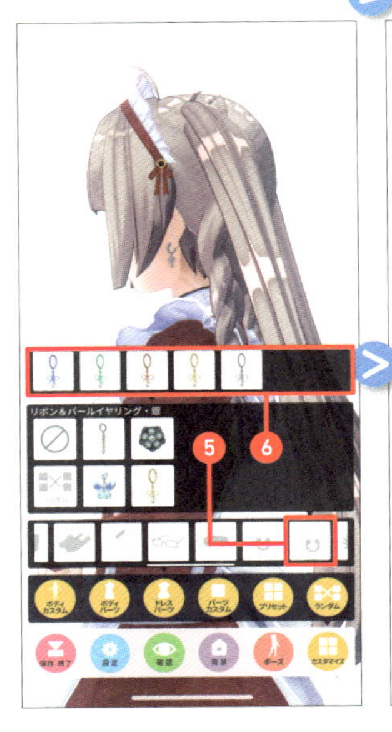

3 横顔のアイコンをタップ❺すると、イヤリングを選択できます。カラーバリエーションがあるアイテムを選択すると色の選択肢が表示されます❻。

4 尻尾のアイコンをタップ❼すると、しっぽも選択できます。
基本的なカスタマイズはこれで完了です。あとで修正もできるので、いったん保存してみましょう。

ポーズ・背景の選択や保存

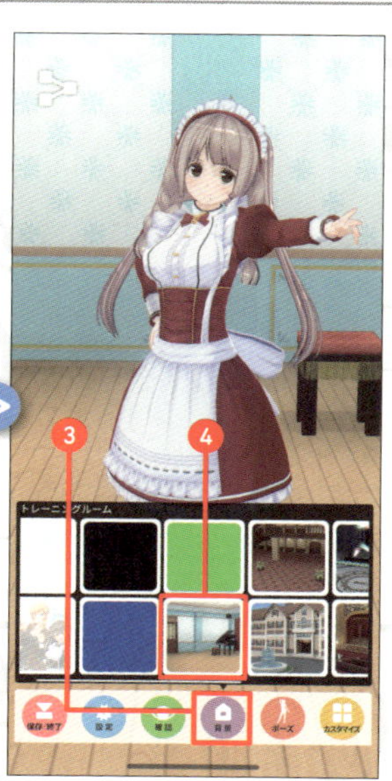

1 「ポーズ」をタップ❶すると、16種類のポーズの中からキャラクターのポーズを変更できます。

お気に入りのポーズが見つかったら、左上のアイコンをタップしてTwitterやFacebookでシェアしてもいいですね❷。

2 続いて「背景」をタップ❸し、背景を変更してみましょう。今回は「トレーニングルーム」を選びました❹。

3 「設定」をタップ❺すると、3Dモデルの目線をカメラに向けるかどうかの設定ができる「カメラ目線」などの各種設定項目が表示されます❻。

4 ここまでカスタマイズした内容を保存します。「保存／終了」をタップ❼し、「はい」をタップします❽。

ライブ配信する

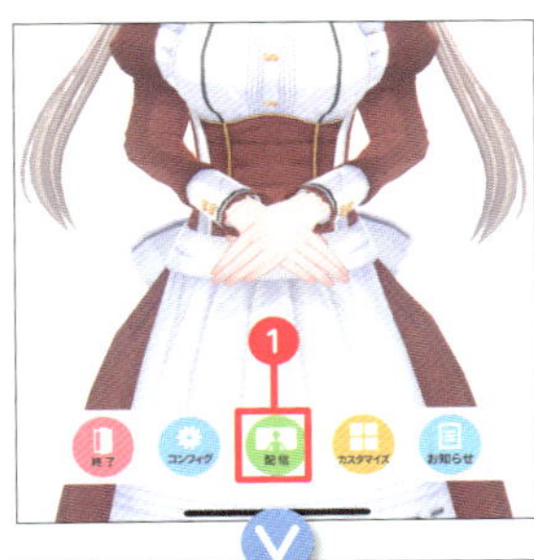

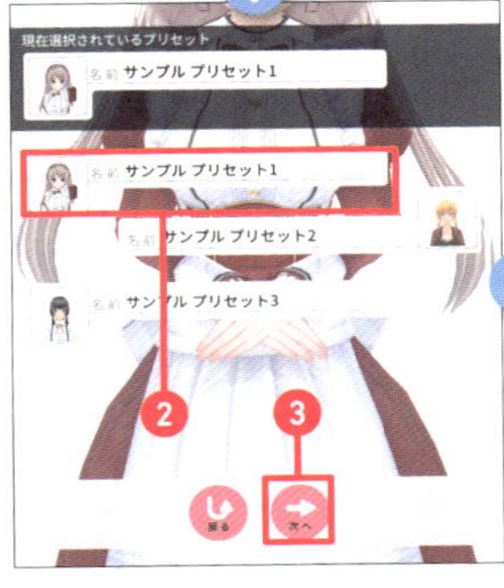

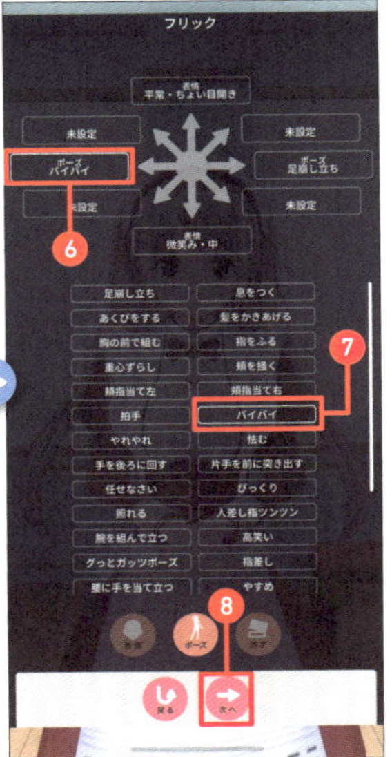

1 では、ライブ配信に挑戦してみましょう。カスタムキャストでライブ配信するには、「NICOCAS」アプリが必要です。事前に「NICOCAS」アプリをインストールし、利用規約に同意しておきましょう。

準備が整ったら、カスタムキャストで「配信」をタップします❶。

配信に使用するキャラクターを選択します。「サンプルプリセット1」をタップ❷し、「次へ」をタップ❸。

2 背景を選択します。今回は前の手順で選択した背景のまま「次へ」をタップします❹。

3 キャラの口の動きを連動させるリップシンクの設定を行います。「リップシンクの認識設定」は「音声」または「カメラで認識した顔の動き」のどちらに3Dモデルの口の動きを合わせるか設定します。

今回は初期設定のまま「次へ」❺。

4 フリックの設定を行います。配信中に画面をフリックすると、3Dモデルの表情やポーズが変えられます。

設定を変更するには、変更したいポーズや表情をタップ❻し、一覧から設定したいポーズや表情を選択します❼。設定できたら「次へ」❽。

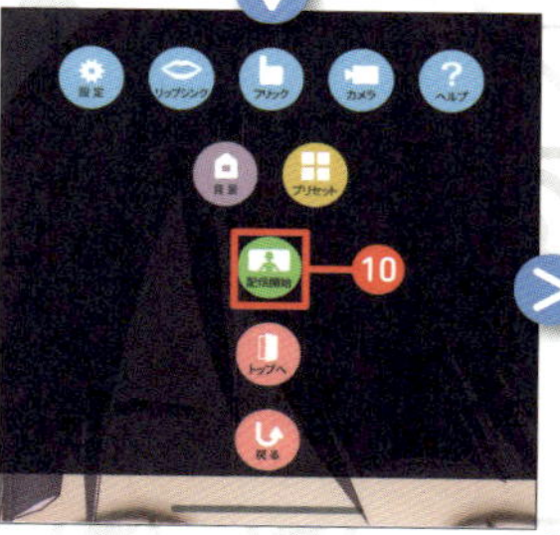

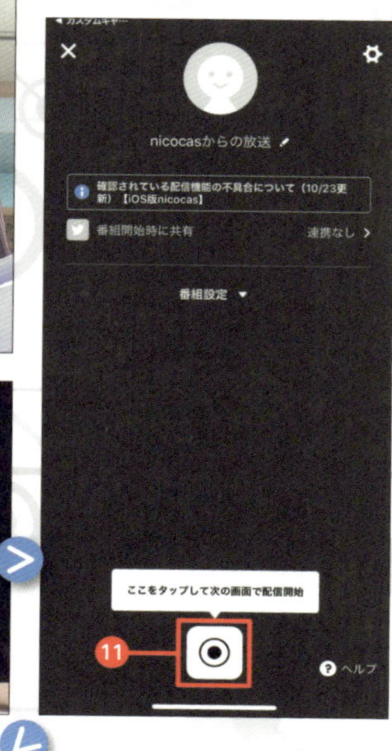

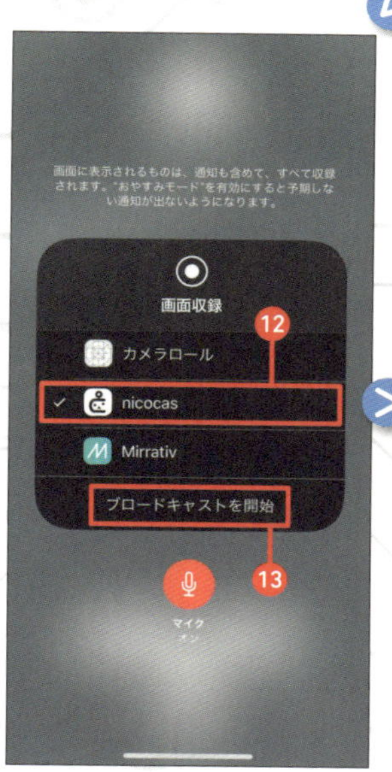

5 配信用の画面が表示されます。右上の設定ボタンをタップ❾。「配信開始」をタップします❿。

6 「nicocasに移動します」というダイアログが表示されるので「はい」をタップすると、「nicocas」アプリが起動します。画面下部のアイコンをタップしましょう⓫。

7 画面収録のメニューが表示されます。「nicocas」をタップ⓬し、「ブロードキャストを開始」をタップします⓭。

8 ライブ配信が始まります。自由に配信を楽しんでください。

配信を停止するときは、コントロールセンターで画面収録を停止します。

CHAPTER

02

自分でLive2Dモデルを作ってみよう

文：マシーナリーとも子

ここからは、私ことVTuber・マシーナリーとも子が、PCを使って実際に発案から48時間で動画デビューしたときと同じやり方をざっくりご紹介していきます。一枚絵をそのまま動かせる「Live2D」用のイラストの描き方から、モデルの作成、録画と配信まで行います。

Live2Dでモデルを作る準備をしよう

今回は「最低限の手間とコストで始める」がテーマですが、ある程度の出費や準備は必要です。ここでは私が普段使っている道具やソフトを一通り紹介しましょう。

モデルを作るのに必要なもの

ここで紹介する道具やソフトは、すべて準備する必要はありません。最初のうちは無料で利用できるものから試していくことをおすすめします。

今回はLive2DでVTuberを作る、ということでどんな形にせよ**絵を描く作業が必要**です。やろうと思えばアナログ絵をPCに取り込んでLive2D化……というのもできないことはないのですが、今回は一般的なスタイルであるデジタルペイントで絵を描き、Live2D化していくことにします。

ソフトはイラストや同人誌を描くのにも使えるCELSYSの「CLIP STUDIO PAINT」を用いていますが、レイヤー機能が使えるのであれば「Adobe Photoshop」でも「FireAlpaca」でも「SAI」でも構いません。CLIP STUDIOは利用できる機能が異なる2タイプがあり、PRO版が5000円、EX版が23000円です。フリーソフトで作るなら、お金はかかりません。予算に応じて使うソフトを選びましょう。

ペンタブレット

これは必須というわけではありませんが、私は絵を描くのに液晶タブレットを使っています。HUIONというメーカーのGT-190という機種で、サイズは19インチ、5万円くらいのものです。板タイプのペンタブレットでしたら5000円代からの入手も可能ですし、マウスで絵が描けるのなら、特別購入する必要はありません。

Live2D

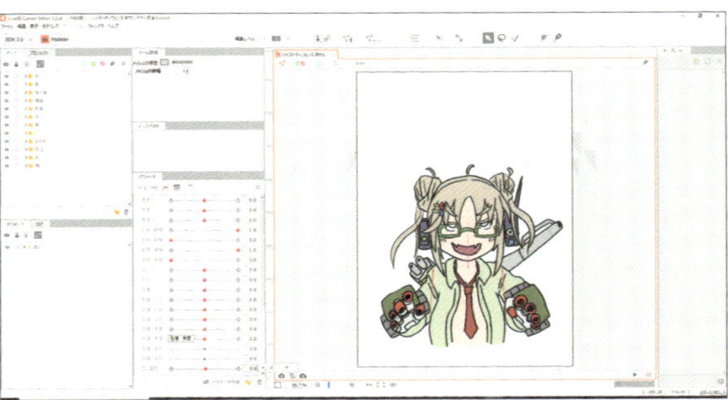

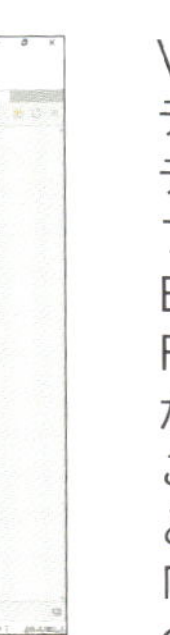

VTuberとして動かすモデル、いわゆるLive2Dモデルを編集するためのソフトが「Live2D Cubism Editer」です。無料のFREE版と有料のPRO版がありますが、ものすごくこだわったものを作ることを目指すのではなく、「ひとまず動かせればOK!」というくらいの用途であれば、**FREE版で十分**です。

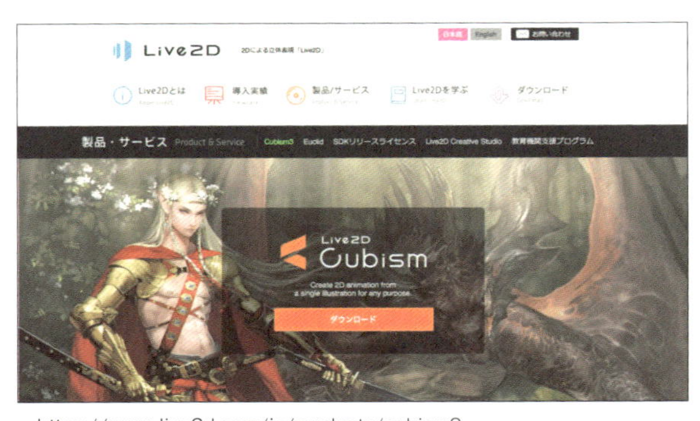

https://www.live2d.com/ja/products/cubism3

FaceRig

https://store.steampowered.com/app/274920/FaceRig/

カメラを用いて自分の表情とキャラクターの表情を同期させ、なりきることができるソフトです。PCソフト配信プラットフォーム「Steam」から1480円で購入できます。

今回は自作のキャラクターを動かすためにFaceRigを使いますが、最初から動物やモンスターなどの3Dモデルも用意されているため、それらを用いてVTuberデビューすることも可能です。

FaceRig Live2D Module

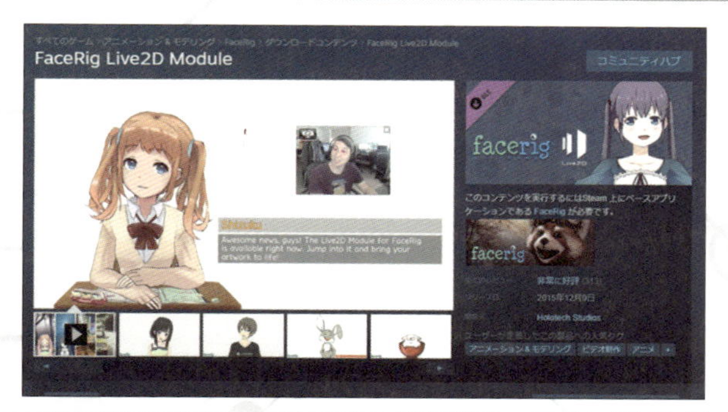

https://store.steampowered.com/app/420680/FaceRig_Live2D_Module/

Live2DモデルをFaceRigで使えるようにするためのDLC（ダウンロードコンテンツ）。価格は398円。

これを導入しないとLive2Dモデルを読みこんでくれないので、忘れずにインストールしておいてください。

FaceRigPROの導入は必要？

FaceRigには「FaceRigPRO」というDLCがあります。このコンテンツを導入することでFaceRigの機能がパワーアップする……というわけではありませんが、FaceRigの規約として、本ソフトを利用することで月に500ドル（＝日本円で約57000円）以上の収益があった場合はproにバージョンアップしなければならないというものがあります。これは広告収入や寄付も含めます。

VTuberを始めたばかりの場合はあまり気にしなくてもいい規約ですが、収益化のめどが立った場合には、うっかり規約違反とならないように早めの導入をおすすめします。

Webカメラ

表情を読み取るのに使います。値段と性能はピンキリですが、私はロジクールのC270という2500円くらいのWebカメラを使っています。マイクもついているので簡単な配信だったらこれだけでOKです。

配信・録画ソフト

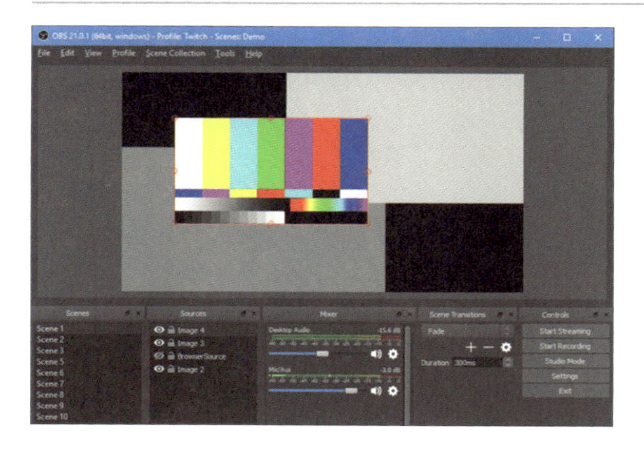

ストリーミング配信をしたり、動画を録画したりするためのソフトです。私が使っている「OBS Studio」というソフトは複数の画面を組み合わせて合成したり、トリミングしたりなどの処理が簡単にでき、配信も録画も設定すれば簡単にできるうえ無料という至れり尽くせりなソフトです。

動画編集ソフト

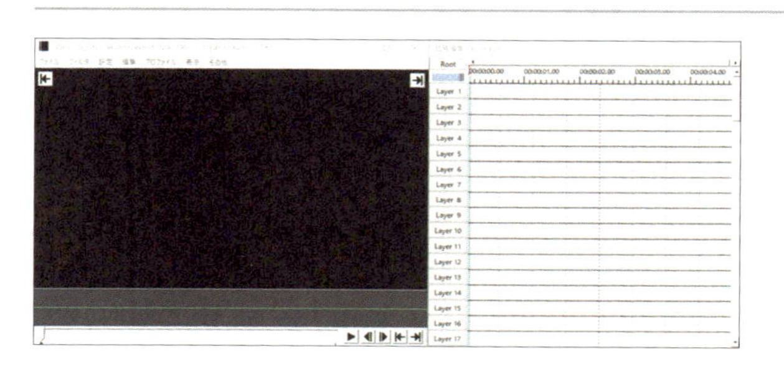

ライブ配信の場合は必要ありませんが、動画を公開したい場合はある程度の編集が必要です。私はフリーソフトなうえ編集の融通もきく「AviUtl」というソフトを主に使っています。とりあえず動画編集してみたい、というのであればこちらをおすすめします。

SCENE 02

キャラクターを作ってみよう

前節でざっくり必要なものを列挙しましたので、ここからは実際に絵を描き、Live2D化し、VTuberへとなるための手順を説明していきます。

本書で作るキャラクター

本書では、「**なるべくゆるく**」「**最低限の手間とコストで**」VTuberになることを目指しています。コレは何も「ショボいモデルで満足しやがれ！」と言っているわけではなく、なにごとも第一歩を歩み始めるときはまず必要な手順を確認し、カンタンなものでも完成させるプロセスが必要だからです。

一度も料理もしたことがない人にいきなり「じゃあお前、マカロンを作ってみろ」とやらせてみてもムリです。料理をしたことがない人にはとりあえずご飯の炊き方を教え、自分でやらせてみて、**成功体験を得てもらうことが大事**なのです。

実をいうと私、マシーナリーとも子のモデルもとりあえずの練習のつもりで「テキトーでもいいから完成させたれ」というふうに作ってみたんですよね……(その後めんどくさいのであまり改良せずに使い続けていますが)。

各ソフトの使い方については完全に自己流で会得したため、「なんて効率の悪い方法なんだ！」「もっとかわいく作れる技術があるぞ！」と思われる練達の士もいらっしゃるでしょうが、むしろそうした点がございましたら本書への感想メールやSNSなどでどんどんご指摘ください。それでは前置きが長くなりましたが、やっていきましょう。

「とりあえず」のつもりで作ったマシーナリーとも子最初のモデル。
周りから散々「えっ！？」「正気か？」と言われましたがなんとかなりましたね。まさか本まで書くことになるとは思いませんでしたが……。

キャラクターのデザインを考える

何はともあれキャラクターデザイン……というほど大げさなものではありませんが、「こんなVTuberになりたいな～」というイメージは必要です。

まずは自分の欲望に耳を傾け、どんな外見が欲しいかを吟味し、実際にノートなどにラフデザインを描いてみましょう。

今回はなるべくシンプル、かつ大多数の人は美少女になりたいだろう……という理由から女の子を描いてみました。加えて、個人的に好きな要素として三白眼、ウェーブがかかったサイドの髪、ワイシャツ＋ネクタイというスタイルにしてみました。

欲望は自らのボディを考えるにあたって重要なファクターですので、常日頃から自分はどんなキャラクターが好きなのかを考えておくとよいでしょう。

今回は女の子を作っていきますが、もちろん犬やロボット、ハンバーガーやお餅だろうが構いません。どんな外見になりたいかはみなさんの自由です。

絵を描いたことがない／苦手な人は

本書ではイラストをイチから描く方法を紹介しますが、練習のために自分が好きなイラストを使っても構いません（もちろん公開するのは著作権的にアウトですが……）。また、「2次マ」や「SKIMA」といったクリエイターにイラスト制作を依頼できるサイトを利用する方法もあります。

せっかくだから好み全開の見た目で作ったほうがいいぞ

ラフを描いてみる

さて、キャラクターのイメージが固まったところで、実際に絵を描いていきましょう。ポイントとしては「**なるべく真正面を向いた絵を描く**」ということです。上や下の方を見ていたり、横を向いた絵にはしないほうがいい、ということですね。もちろん角度をつけた絵もLive2Dで動かすことはできるのですが、FaceRig用の調整がなかなか面倒なのです。

正面を向いたキャラクターを描いてみる。
「鎖鎌ちゃん」爆誕の瞬間

描くのは**バストアップのみで十分**です。Webカメラには上半身しか映りませんし、FaceRigも全身を動かす用途としては作られていないためです。

腕は本来、描く必要がないのですが個人的にあったほうがモデルに動きが出てイイなあと思っているので描いています。この腕はなにかをつかんだり作業をする様子を収録するためのものではなく、身体を揺らしたりする際にちょっと動いてくれるような、いわば飾りの腕です。

ついでなので武器として鎖鎌も持たせてみました。鎖鎌を持っていると「なんで鎖鎌持ってるの！？」って思ってもらえるかな……程度の思惑で、とくに深い意味はありません。

そうですね……仮にこの子を「**鎖鎌ちゃん**」と名付けましょう！ 今回はこの鎖鎌ちゃんがVTuberとしてデビューするまでを解説していきます。

マシーナリーとも子はアナログで描き始めるけどもちろんデジタルでラフを描いたっていいぞ。
やりやすいほうでやれよな

「Live2D用の絵を描く」とは

ここでLive2D用の絵を描く際に気をつけねばならないことを解説しておきます。通常、ペイントソフトでデジタル絵を描く際には「線画レイヤー」「塗りレイヤー」というふうにレイヤー分けします。

一般的なイラストは、髪に隠れているところなどの見えない部分は塗らない

↑こちらが一般的なデジタルイラストのレイヤー分けのイメージ。「線画」と「塗り」に分かれ、髪の毛や肌色も塗る必要がない箇所は塗っていません。

こうして作った絵をLive2Dで動かそうとすると困ったことになります。**Live2Dは分かれたレイヤーをパーツとして捉え、それぞれを動かす……というソフト**です。なので上記のイラストを動かそうとした場合、髪の毛が動くことで髪の毛の下にある肌色の塗っていない部分が露出してしまいます。また、髪の毛の色は前髪も後ろ髪もいっしょくたに塗られていますし、そもそも線画がひとつのレイヤーで描かれているので人間らしい動きは期待できません。

ではどのような構造で描けばいいのかというと……。

Live2D用のイラストは、パーツごとにすべて塗る

↑こちらがLive2D向けのレイヤー分けのイメージです。前髪は前髪で、サイドの髪や後ろの髪などもそれぞれ線画を描き、塗りつぶします。肌色も顔だけでなく頭部全体を描き、全体を塗りつぶします。例えるなら「福笑い」のようなパーツ分けにするのです。

ポイントは目で、スムーズに動かすためには「上まぶた」「下まぶた」「瞳」「白目」をすべて分ける必要があります。

この独特のレイヤー分けがLive2D用イラストの手間がかかるところです。

SCENE 03

Live2D用イラストを描こう

ここからは先述した「レイヤーごとのパーツ分け」を意識しつつ、実際にLive2D用のイラストを描いていきます。

絵を描くための準備

実際に動画に使用したい絵を描く前に、準備をしましょう。最初にラフを読み込み、「下書きレイヤー」に設定します。さらにレイヤーカラーの設定も行いましょう。今回使用したソフトは「CLIP STUDIO PAINT EX」です。

1 最初に、先に描いたラフ画を読み込んで下書きレイヤーに設定し、本番の線画と区別しやすいように水色のレイヤーカラーを設定しました。このあたりは絵を描くときの設定と同様です。

レイヤーカラー

レイヤー全体に指定の色味を与えます。下書きに設定することで線画の視認性を上げることができ、操作もワンボタンで終わるので便利な機能です。

下描きレイヤー

下書きレイヤーに設定することで、このレイヤーがラスターレイヤー（線を描く、色を塗るといった本番の絵を描く作業をするレイヤー）に影響を与えなくなります。なのでザザッと線が適当にたくさん引かれたラフ画の上からでも快適に塗りつぶし作業などが行えます。

目や眉の線画を描く

作業はどこから始めてもいいのですが、私は目から描きます。特にLive2D用のイラストは、目のパーツ分けが面倒なので……。

前の節でも紹介したとおり、目は1パーツ1パーツを分けて描く必要があります。ざっくり言うと「上まつげ」「下まつげ」「瞳」「白目」というカンジですね。

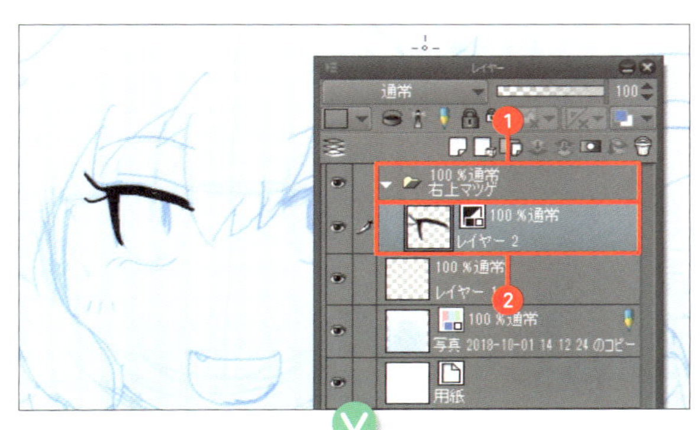

1 「右上マツゲ」という名前のフォルダーを作り❶、内部に線画レイヤーを作成❷し、右目の上マツゲを描いていきます。

2 次に「右下マツゲ」のフォルダーを作り❸、内部に線画レイヤーを作り❹、右目の下マツゲを描きます。パーツごとに、このような作業を延々繰り返します。

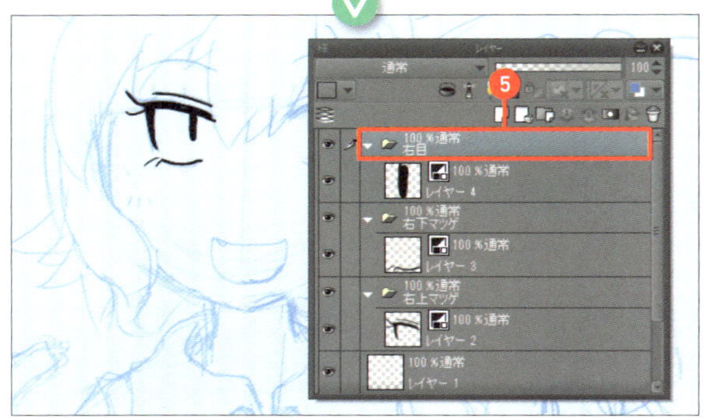

3 「右目」フォルダーを作って右目を描きます❺。

ちなみにこの段階で二重まぶたの上まぶたを描き忘れていたことに気づいたので、「右上マツゲ」の線画に描き加えました。まぶたはまぶたでパーツ分けする場合もありますが、私は上マツゲと同じパーツでも特に困らないかな……と考えてこのような分割にしています。

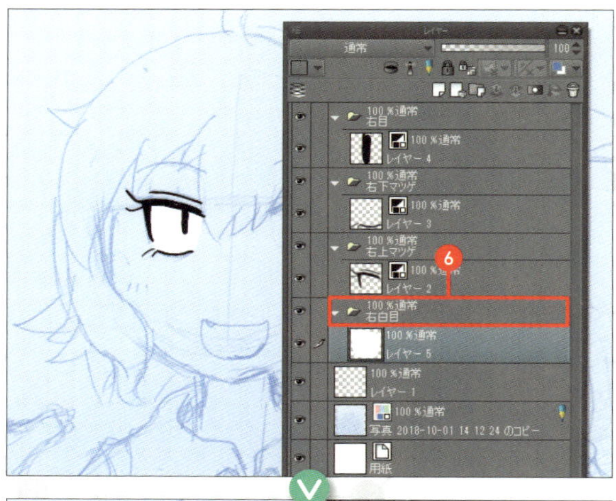

4 次に「右白目」フォルダーを作り❻、白目を塗ります。このとき、マツゲフォルダーや瞳フォルダーより下層になるようにフォルダーを作ってください。

5 白目フォルダーをマツゲや瞳フォルダーより上層にすると、このように瞳の上に白目が来てしまうので見た目がおかしくなってしまいます（実際には作業中に変だなと気づくと思いますが）。描いたあとでもフォルダーの階層は調整できますが、注意して進めてください。

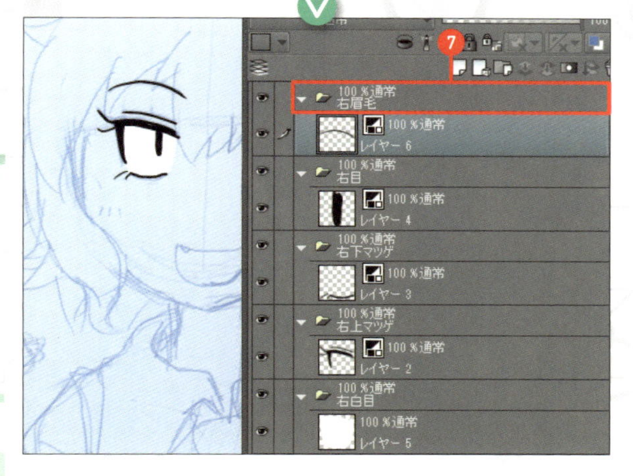

6 右眉毛フォルダーを作って❼、眉毛を描きます。これで右目のパーツ分け、線画描きは終わりです。

7 右目と同じ要領で、左目も上マツゲ❽、下マツゲ、白目、瞳、眉毛……というようにパーツごとにフォルダーを分けながら描いていきます。

8 左目を描き終えたところ。すでに10個ものフォルダーが作られてしまいました❾。まだまだ増えます！

とはいえ面倒くさいながらも、特に難しい作業は必要ないこともおわかりいただけたでしょうか。基本的にコツコツと工程を積み重ねていけばいいだけです。

輪郭(りんかく)と口の線画を描く

目を描いたら次は頭です。たとえ失敗してもあとで修正できるので、ここまでの作業と同様に、一つひとつ進めていきましょう。

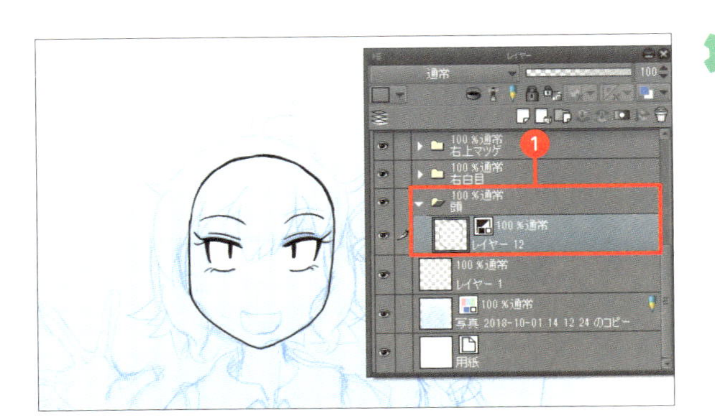

1 目のフォルダーより下層になるように頭フォルダーを作り、線画を描きます❶。先のパーツ分けの説明でも述べましたが、普通にイラストを描くのであれば輪郭は髪の毛で隠れるため描く必要はありませんが、Live2Dでは各パーツが動くと隠れている場所が露出してしまうため、頭部全体を描く必要があります。

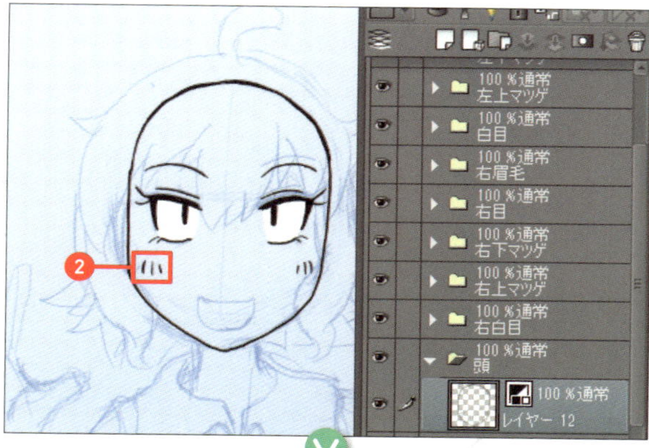

2 頬(ほお)の曲面を表すチョンチョン線も頭レイヤーに描いてしまいましょう❷。この線、私は描くのが好きでいつも描くのですが、もちろん描きたくない人は省いてしまって結構です。

今回は面倒だったので頭と同パーツ化しましたが、こちらも目と同様「右頬」「左頬」としたほうが違和感なく動かせるでしょう。

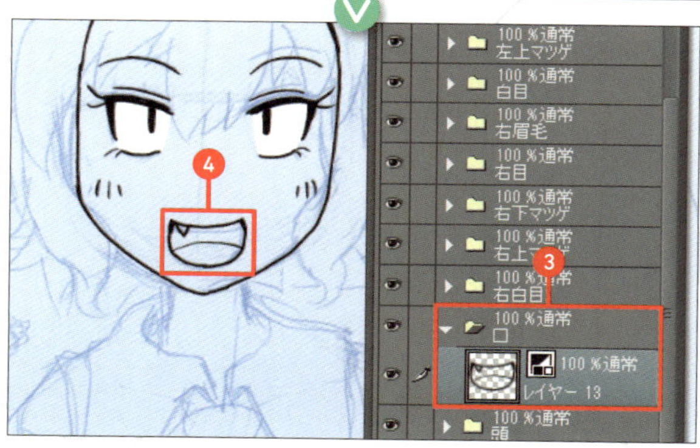

3 続いて口です。頭より上層になるように口フォルダーを作って描きます❸。とりあえず今回は口がパカパカ開閉すればいいだろうということでこちらもパーツ分割は最低限。歯も同じレイヤーで描いちゃいました❹。

髪の毛の線画を描く

続いてはいよいよ髪の毛に移ります。レイヤー分けはあくまでも参考なので、イラストに合わせて適宜変更してくださいね。

1 まずはフォルダーの一番上層に前髪レイヤーを作り❶、ラフを参考に前髪を描いていきます。

2 前髪の下層にサイドの髪の毛のフォルダーを作って描きます。まずは「右サイド」❷から。

サイドの髪の毛は髪型によってはわざわざパーツ分けする必要もないのですが、今回はボリューム多めなデザインの前髪にしたのでパーツ分割しておきます。

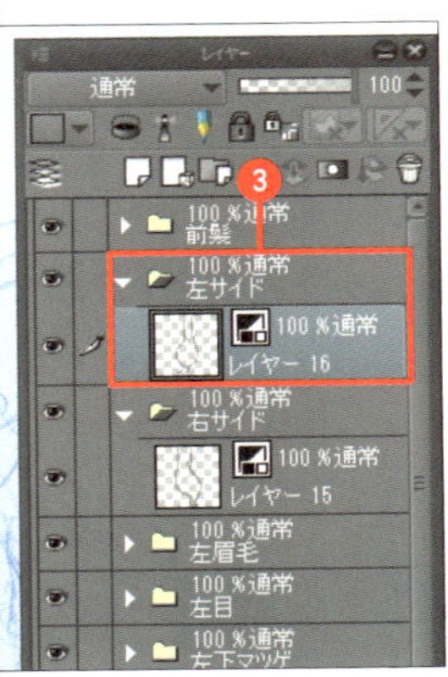

3 左サイドもフォルダーを作り、右サイドと同じように描いていきます❸。

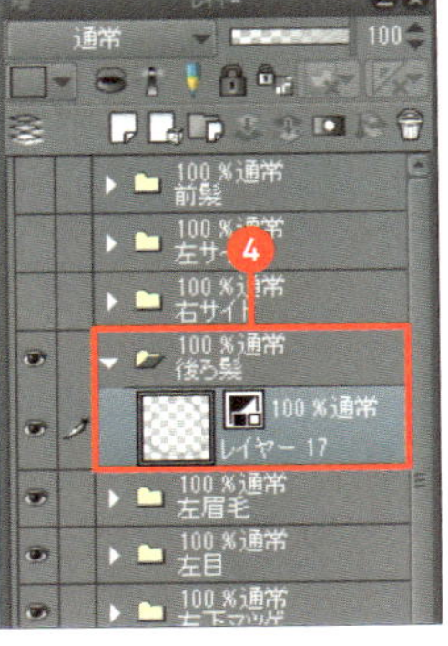

4 後ろ髪を描きます❹。後ろ髪を描く際に邪魔になるので、前髪とサイドの髪、頭のフォルダーを非表示にしながら描いています。こちらも輪郭と同様に、隠れてしまう部分もしっかり描いておきましょう。

5 これで頭部の一通りのパーツの線画がそろいました。線が重なり合ってなにがなにやらよくわからなくなっていますが、最終的にパーツごとに彩色をすることで自然な見た目になります。気にせずこのまま進めましょう。

身体の線画を描く

頭フォルダーより下層に身体のフォルダーを作り、首から描き始めます。これまで描いてきた頭部のレイヤーはすべて非表示にしたほうが描きやすいでしょう。

1 首もここまでの手順と同様に、頭パーツで隠れてしまうところまでちゃんと描きます❶。

首が少し頭を貫通するようなイメージで描くと良いでしょう。ちょっと怖いですが、ちゃんと動くので大丈夫です。

2 今回、身体パーツはあまり動かさない予定なので、首周りから描きます。まずは服の襟を描きました❷。

❸ 胸、肩、腕くらいまで身体パーツとしてまとめて描いてしまって良いでしょう❸。こんなカンジです。

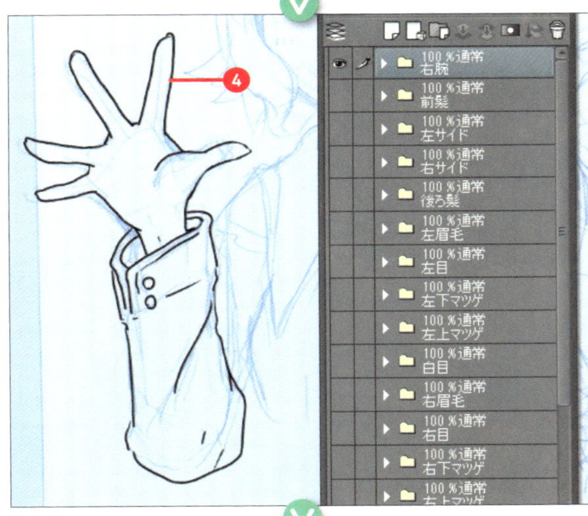

❹ 続いて腕を描きます。今回のLive2Dモデルの腕はあくまで飾りというか、なにかをつかんだりといった細かな動作はさせないので、肘から先すべてを１パーツで描きます❹。

❺ 左腕も同様に。こちらは鎖鎌をつかんでいるのですが、こちらも一緒に描いちゃいます❺。

ただしチェーンだけは別パーツにするためこのあと描きます。

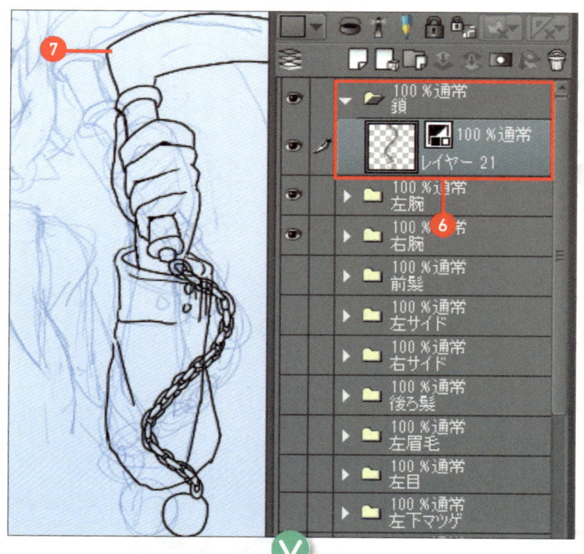

6 鎖フォルダーを作り❻、チェーンを描きます❼。こちらもあまり複雑な動きをさせるつもりはないので、1パーツにしました。動きを持たせたい場合はパーツを分ける、が原則です。

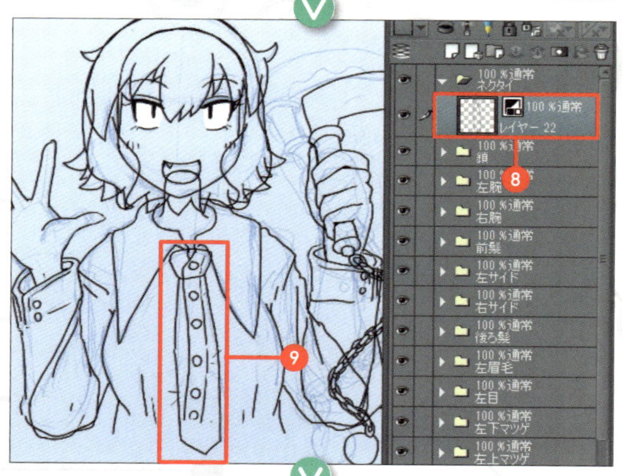

7 ネクタイも軽く動きがあるとうれしいなと思ったので、パーツを分けるためネクタイフォルダーを作り❽、ネクタイを描きました❾。こうした装飾品については、特に動かす必要がないなら、パーツを分けなくても構いません。

8 これで線画が完成です。まだ線同士が重なり合っていて見栄えがしませんが、ここから彩色に移ります。

線画を彩色する

線画ができたら、色を塗っていきます。色の塗り方も、Live2D用イラストならではのコツがあるので、気をつけて進めましょう！

1 彩色も線画と同様に、パーツごとのフォルダー内で行います❶。このように、口の彩色なら口フォルダーの中で、というようなカンジで進めていきます。

2 顔の彩色は通常のイラストだったらこれで問題ないのですが……。試しに目や髪の毛のフォルダーを非表示にしてみると……

3 このように、目や髪の毛のパーツの場所が白くなってしまっています。この状態のままLive2Dデータを作ろうとすると、髪の毛が動いたときなどに白い部分が見えてしまいます。

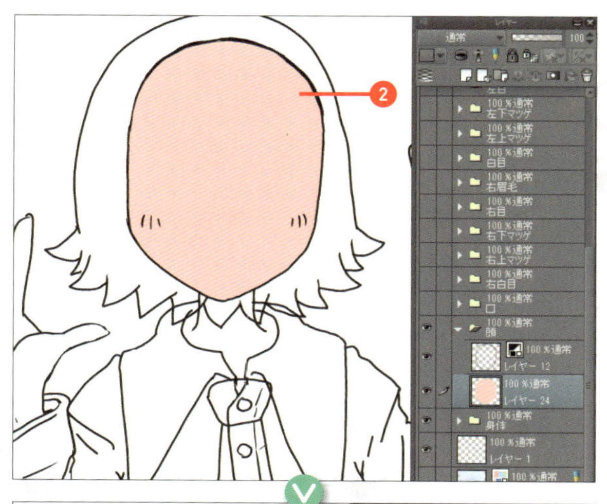

4 動かしたときも白い部分が見えてしまったりしないよう、顔は頭部全体を塗りつぶすように気をつけましょう❷。

5 また、ちょっとしたコツなのですが、頭は肌色だけで塗りつぶすのではなく、上のほうをこのように髪の毛の色で塗っておくとなお良いです❸。

これはLive2Dモデルの作り方によっては下を向いたときなどに前髪パーツがズレ、頭頂部が露出してしまうことがあるのでそれをごまかすためです（初期のマシーナリーとも子がそうだったんですよねぇ～……）。おまじない程度に塗っておきましょう。

6 あとはそれぞれのフォルダー内で、白い箇所を残さないように塗るということだけ気をつければ特に難しいところはありません。残りのパーツもどんどん彩色していきましょう。

7 すべてのパーツを彩色したら、できあがり。かわいく塗れました～……と思ったら一箇所大ポカしちゃった！ どこをミスしたかおわかりですか？

8 そう、後ろ髪レイヤーフォルダーが身体レイヤーフォルダーより上層に来ていたので首周りの表示がおかしくなっていたのです。いやぁ危なかった……。このようにレイヤーフォルダーの順序はわりと見逃しがちなので、変な表示になっているところがないか、ここでいま一度しっかりチェックしましょう！

ずっと作業してると意外と気づかないので、
ひと眠りしたり散歩に行ったりしてから見直すといいぞ

レイヤーを結合し保存する

色が塗り終わったら、Live2Dで動かすための準備、「レイヤーの結合」を行います。結合したら、ファイルを保存しましょう。

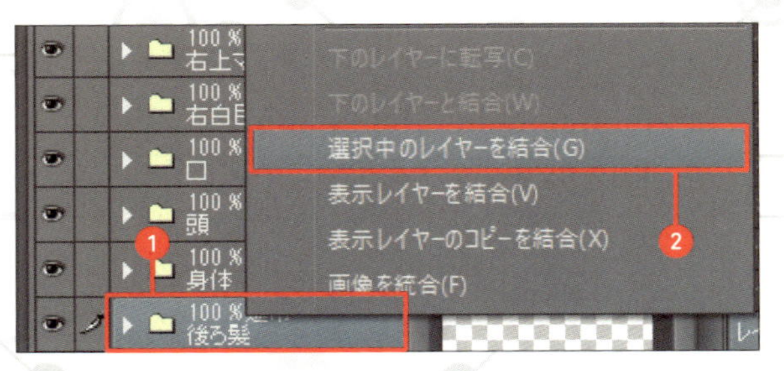

1 見た目の確認が終わったら最後にフォルダーを右クリックし❶、「選択中のレイヤーを結合」を選択します❷。Live2Dで動かす際に線画レイヤーと彩色レイヤーが離れていると都合が悪いため、後ろ髪なら後ろ髪レイヤー、前髪なら前髪レイヤーと結合しておくのです。

レイヤーのサムネイルがこんなカンジになればOKです。

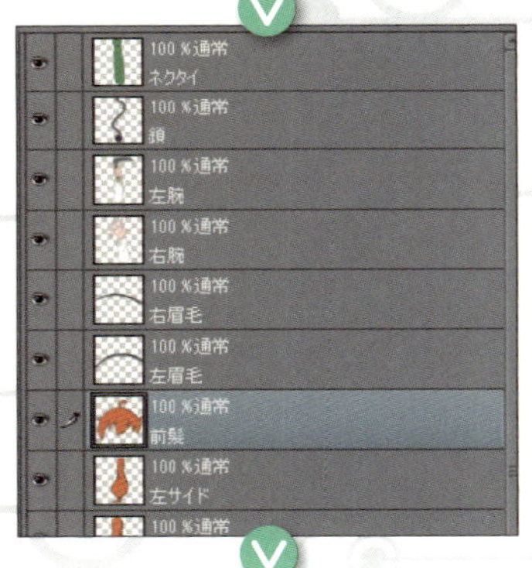

2 ほかのレイヤーフォルダーも結合。すべてのレイヤーフォルダーの結合が完了すると、このようなレイヤー構成になります。

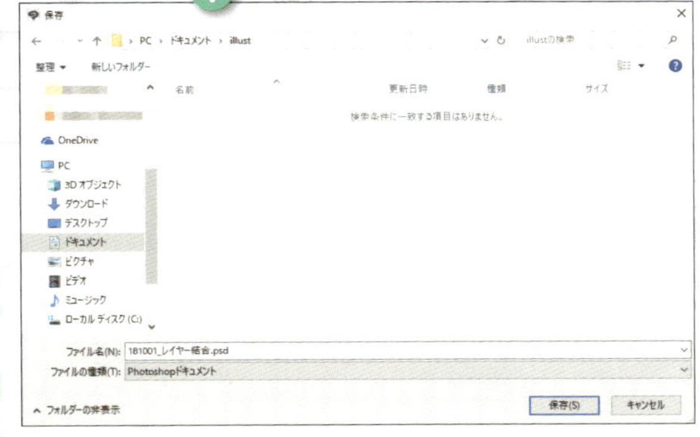

3 最後にpsd形式でファイルを保存すればイラスト制作の工程は終了です。お疲れ様でした。

Live2Dモデルを作ろう

ここから、いよいよ描いたイラストをLive2Dモデルにしていきます。今回は初心者でも挑戦しやすいよう「テンプレート」を活用し、作業時間を短縮します。

Live2Dって結局なんなの？

さて、これまでLive2D、Live2Dと説明してきましたが「結局Live2Dってなんなの？」と思う方もいらっしゃるでしょうから簡単に説明しましょう。

Live2Dとはイラストを、3Dモデルを作らず、アニメーションのように1コマ1コマ描いていくようなこともせず、1枚絵の雰囲気を活かしたまま動かすことができる技術です。

絵を描くにあたっては、「イラストのパーツ分けが必要」と説明しましたが、この**分けたパーツたちを板状のあやつり人形のようなイメージで変形させながら動かす**のがLive2Dです。

また、設定が難しいのですが、曲面を設定することで自然に横を向かせたりすることも可能です。

最低限VTuber用に必要な設定とは

テレビゲームやスマートフォンゲームなどでも使われているLive2D。極めれば**1枚絵の質感を活かしつつ、非常に有機的な表現**が可能です。逆にいえば、そうした豊かな表現を実現するには非常に高度なテクニックやセンスが必要となってきます。

そんな工程をすべて説明しようとするとそれだけで丸々1冊本が書けちゃいますし、もっと言えばそもそも私、Live2Dの編集そんなに凝ってないんですよね。まさに本書のテーマのごとく「ゆるく作る」「とりあえず動けばいいや」という感じで作ってきたので……（わからない操作たくさんあるし……）。

なので今回も工程を絞ります。なるべく操作しないで済むところは操作しない。動くところは最低限に。**VTuberとして最低限、動きがほしいのは「身体の揺れ」「目の閉じ開き」「口の閉じ開き」程度**でしょう。また、Live2Dには基本となる「テンプレート」の機能があるので、今回はこれを最大限に活用していきます。

Live2Dの導入と起動

Live2Dモデルの作成に使用するのは「Live2D Cubism Editor」というソフト。公式Webサイトからダウンロードしてください。

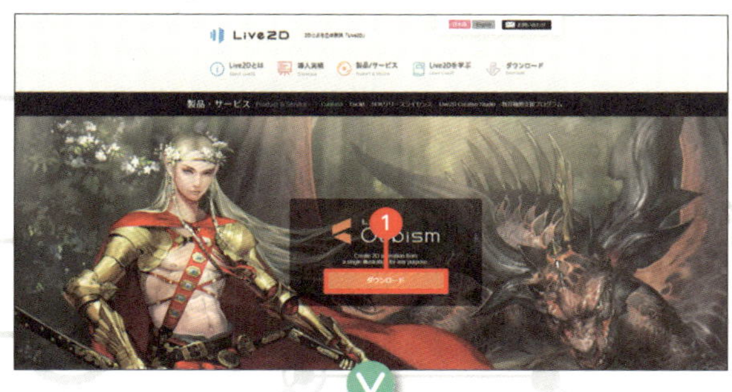

1 公式Webサイト（http://www.live2d.com/ja/products/cubism3#dl）にアクセスし、「ダウンロード」❶→「Download Cubism Editor」をクリックしてダウンロードします。

2 ダウンロード後、ソフトを起動するとこのような画面が表示されます。Live2D Cubism Editorにはリッチなモデルを製作可能なPRO版もありますが、FREE版でも十分な機能が用意されています。FREE版で物足りないと感じたら、PRO版の導入も検討してみてください。ここは一番下の「FREE版として起動」をクリックしましょう❷。

Live2Dにイラストを読み込む

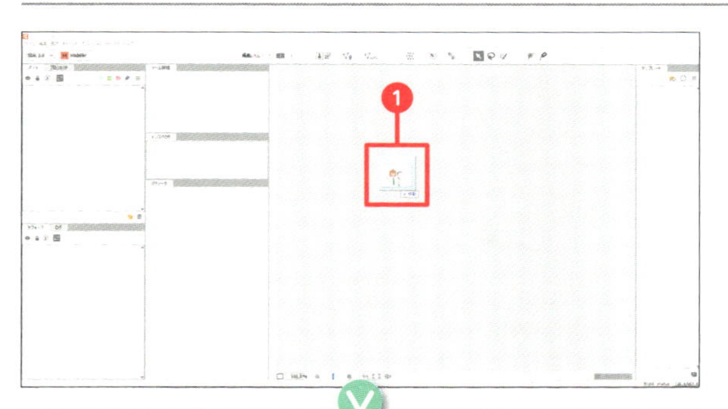

1 Live2D Cubism Editorにイラストを読み込みます。先の工程で仕上げたpsdファイルをドラッグ&ドロップしてください❶。

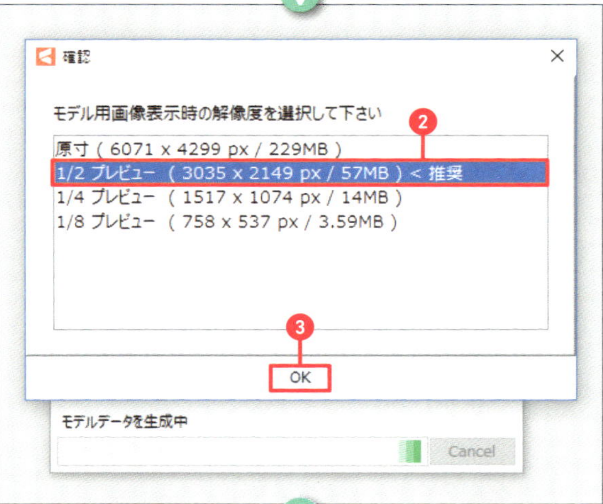

2 すると解像度の選択画面が表示されます。ここは推奨されているもので大丈夫です。「1/2プレビュー」をクリック❷し、「OK」をクリックしましょう❸。

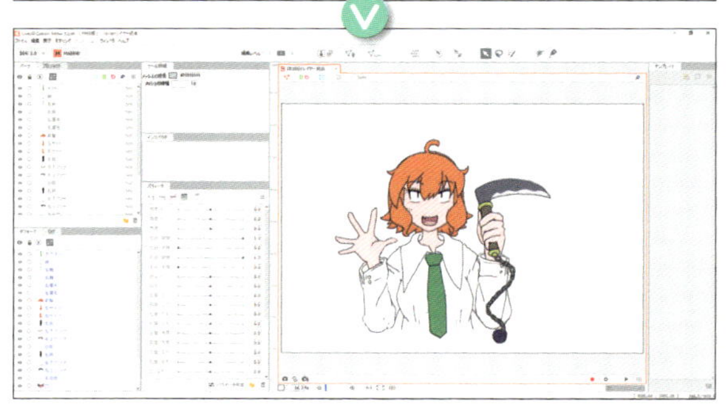

3 読み込みが完了しました。いよいよVTuberとしての魂を宿らせる作業に移ります。

テンプレートを活用する

Live2Dにはおおまかなアニメーションを設定できる「テンプレート」機能があります。これを活用すればLive2Dの作業工程を大幅に短縮できます。おそらく私もこの機能がなかったらVTuberデビューできなかったでしょう……。

本書ではこの機能を活かしつつ、うまく動かないところを手動で調整して、イラストを動かしていきます。

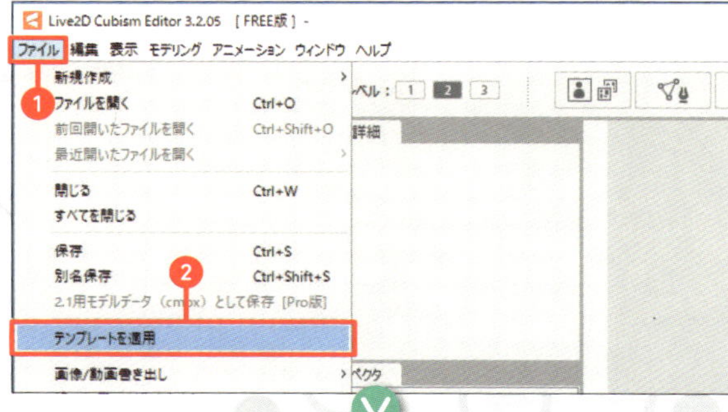

1 まずはじめに、「ファイル」をクリックし❶、「テンプレートを適用」をクリックします❷。

2 すると６つの素材が表示されます。今回は右上の「Epsilon（FaceRig）」を選択しましょう❸。FaceRig用のテンプレートでないと、うまく動かないので注意してください。

3 するとこのような画面が表示されます。この画面で読み込んだイラストとテンプレートを重ね合わせることで、おおまかなアニメーションを設定することができるのです。

4 マウス操作でテンプレートは拡大縮小することができます。できる限りイラストと大きさが合うように調整しましょう。

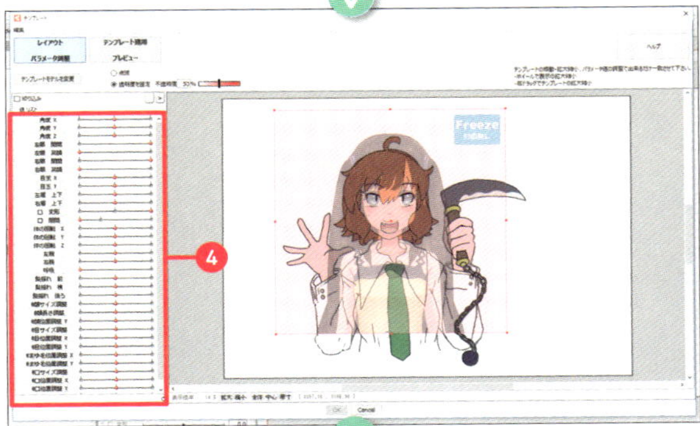

5 ただ、どうしても画風の違いなどから全体の拡大縮小だけでは首や目の位置、身体に対しての頭の大きさなどを完全に一致させることができません。

そんなときは画面左側に設けられたスライダーを用いて各パーツの位置やサイズを調整することができます4。

6 たとえばこの状態。おおまかに頭や身体の位置は問題ないものの、目の位置がかなりずれています。こんなときはどうするかというと……。

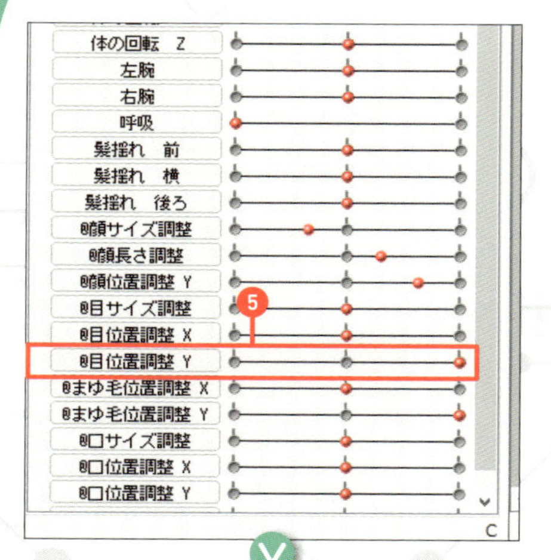

7 「目位置調整 Y」のスライダーを左右に動かし❺、イラストを見ながら適切な位置に調整します。

タテ方向に調整したいときはY、ヨコ方向はXのスライダーを動かします。

8 ほぼ目の高さが合いました！ このように少しずつ、各パーツの位置や大きさを合わせていきます。

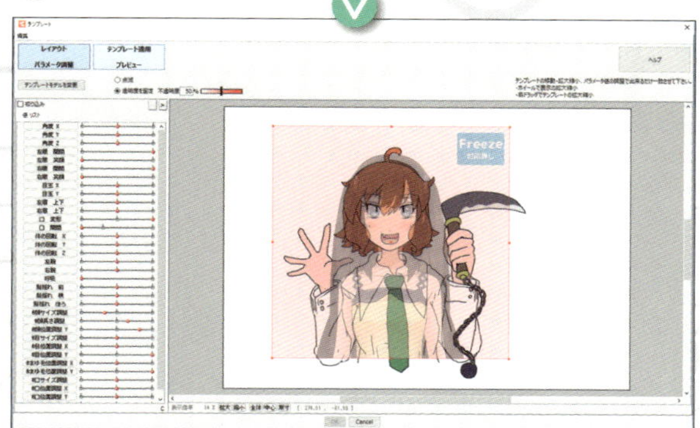

9 各パーツの位置がだいたい合ったかな……という状態。

顔のサイズや位置、目、眉毛の位置などを個別に微調整しました。完全にピッタリ合わせるのは不可能なので、だいたい合っていれば問題ありません。

10 調整が完了したら画面左上の「テンプレート適用プレビュー」をクリックします❻。

11 するとこのように適用したテンプレートとともにイラストが動くプレビューを見ることができます。「オッ！ けっこうかわいくできとるやないけ……！」とひとしきり感動していると……

12 「ウギャーッ！ ものすごいゆがみ方したァーッ！ コワイ！！！」

と、こういう風に見た目が大変なことになってしまうのは「あるある」です。気持ちを強く持って調整していきましょう。

目まわりはパーツが多いからゆがみがちなんだよな。
まず一発ではうまくいかねーから気にすんな。

13 「再生」をクリックすると❼、自動アニメーションを止めることができます。この状態でたとえば、特に形がゆがんでしまっていた鎖鎌ちゃんの右眼にカーソルを合わせると……

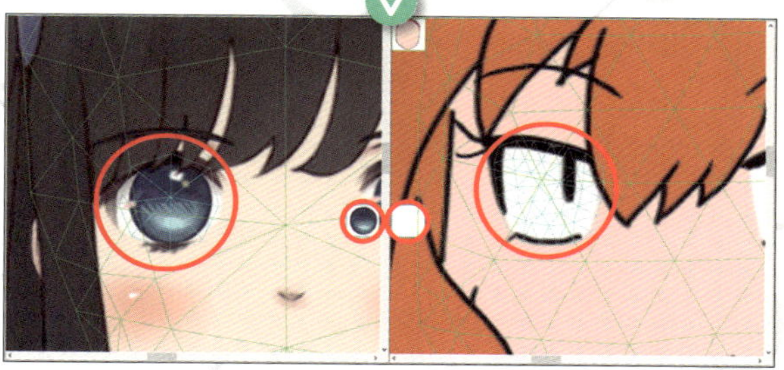

14 鎖鎌ちゃんの右白目にカーソルを合わせた状態。水色のメッシュは、白目をこのようにポリゴン分けしているという意味の表示です。テンプレートの右の瞳にも水色のメッシュが表示され、中央の小さなウィンドウには鎖鎌ちゃんの白目パーツとテンプレートの瞳パーツが表示されています。

つまり現段階では、鎖鎌ちゃんの白目はテンプレートの瞳に対応して動くように設定されているわけです。

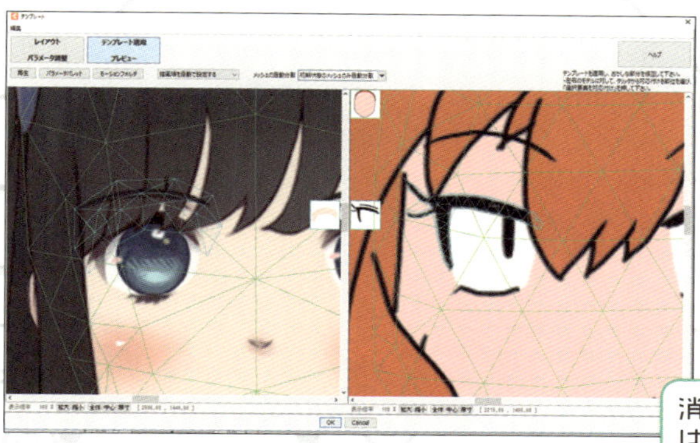

15 ほかにも鎖鎌ちゃんの右上マツゲをチェックしてみると、テンプレートの右上まぶたに対応してしまい、さらに鎖鎌ちゃんの右上まぶたは対応するパーツが見つからず消えてしまっていることもわかります。

消えちゃったパーツはこのあと設定しなおせば取り戻せるから気にすんな

16 今度は少し拡大して、鎖鎌ちゃんの瞳を見てみましょう。このように、鎖鎌ちゃんの瞳はテンプレートの瞳のハイライトに対応する設定になってしまっています。

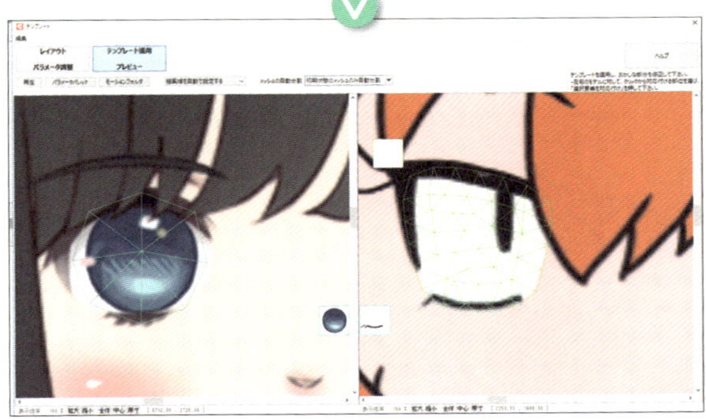

17 鎖鎌ちゃんの右下のマツゲは、テンプレートの右瞳に紐付けられていることがわかりました。これでは動かしたとき、ゆがんでしまうのも当然ですね……。というわけでこれらのパーツごとの関連付けを修正します。

パーツごとの関連付けを修正する

先の手順で確認した通り、読み込んだイラストをテンプレートに重ね合わせるだけでは正しくパーツが対応しないこともあります。ここから、パーツごとに対応するよう一つひとつ修正していきましょう。

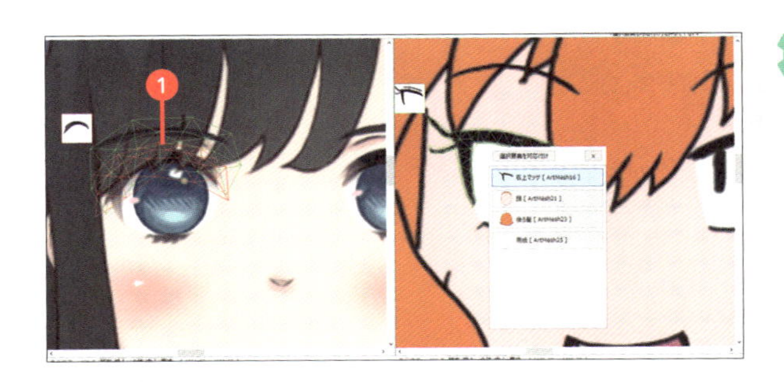

1 対応パーツの修正は簡単にできます。まず上マツゲから修正してみましょう。テンプレートの上マツゲをクリックします❶。するとポリゴンが赤く表示されます。

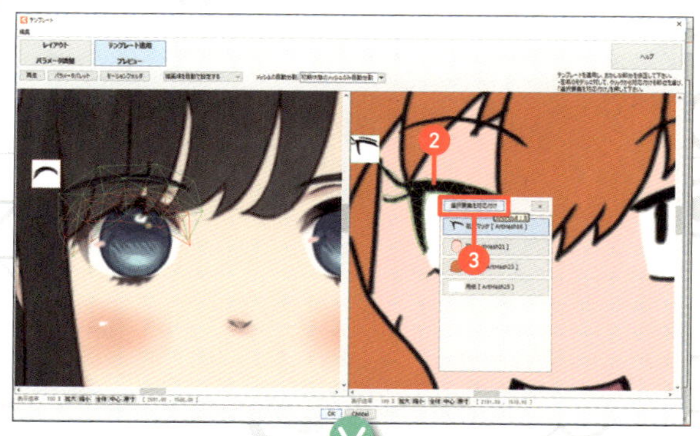

❷ 続けて鎖鎌ちゃんの右上マツゲをクリックします❷。するとウィンドウが表示されるので「選択要素を対応付け」をクリック❸。

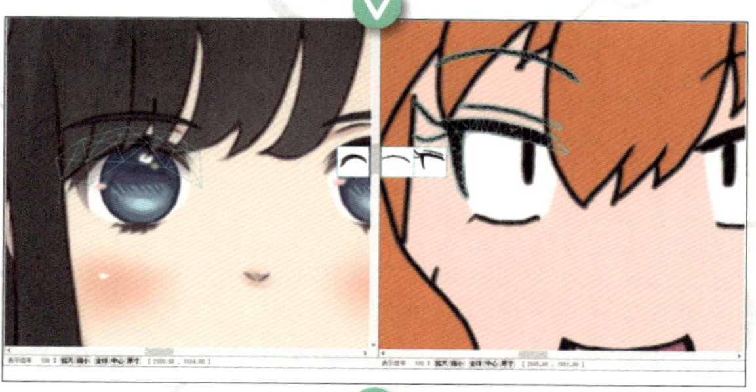

❸ するとテンプレートと鎖鎌ちゃんの右上マツゲが対応します。同時に、表示が消えてしまっていた鎖鎌ちゃんの上まぶたも「あ、そういうことなのね」と言わんばかりに復活しました。Live2Dはこのあたりの「適当に合わせてくれる」塩梅が気持ちいいですね。

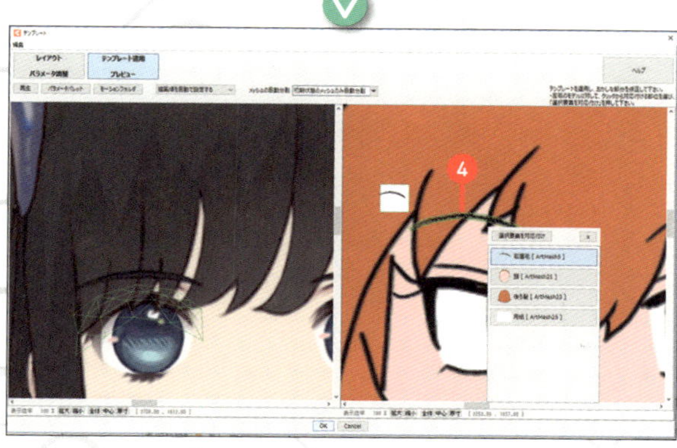

❹ 鎖鎌ちゃんのマユゲがテンプレートの上マツゲに対応してしまっているのも修正します。手順はマツゲを対応させるときと同じです。鎖鎌ちゃんのマユゲを選択❹して、

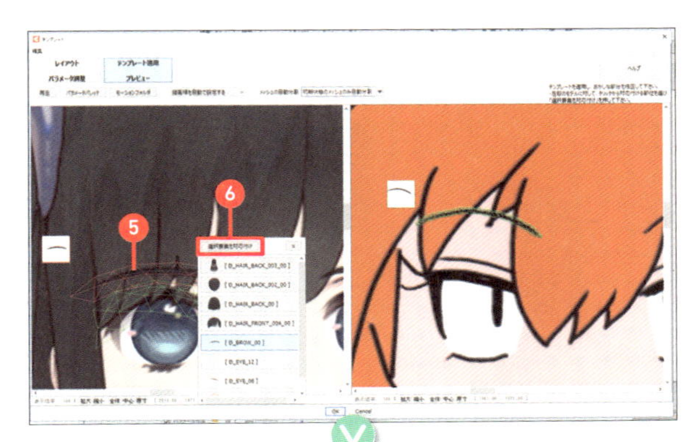

5 テンプレートのマユゲをクリック❺し、「選択要素を対応付け」をクリック❻。選択する順番はテンプレートと読み込んだイラストのどちらが先でも構いません。

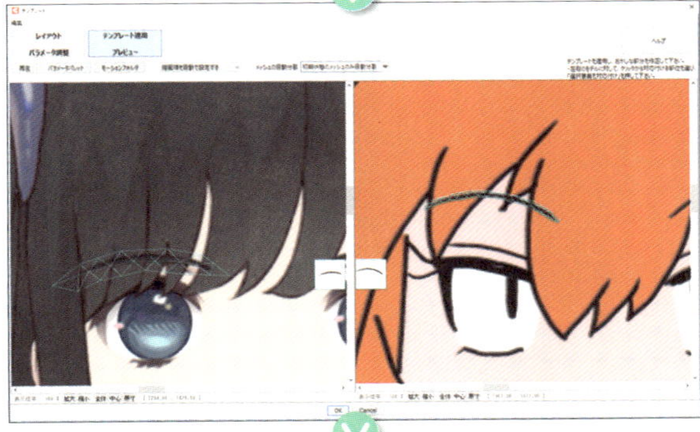

6 マユゲの対応が完了。このように、対応パーツがおかしくなっているものを見つけては、正しく対応付けさせていくことで、動きが正常になるよう調整していきます。

7 「パラメータパレット」をクリックするとこのような「プレビュー・パラメータ」が表示されます❼。ここに設けられた「右眼 開閉」や「口 開閉」のスライダーを操作することで、個別にパーツを動かして動きをチェックすることができます。

パーツの対応付けは基本的に
マウスをカチカチやってりゃ
できるから
案外カンタンだぞ

8 たとえば「右眼 開閉」のスライダーを左にいっぱいにすると8、テンプレートの右眼が閉じます。

同時にうまくパーツを対応させた鎖鎌ちゃんの目もきちんと閉じているはず……！

9 ……ってダメじゃん！ うまくいってないじゃんやっぱりゆがんでるじゃん！

ということでパーツの対応付けだけではうまく目を閉じることができませんでした。これは次の工程で調整します。ここでパーツの対応付けをやっておかないと……たとえば「口」パーツがテンプレートの「後ろ髪」パーツに対応されてしまったりすると横を向いたりしたときのゆがみが大変なことになってしまったりして何かと厄介なのです。スムーズに作業するために、表示がゆがんでしまっても正しいパーツどうしに対応させましょう。大丈夫。あとでなんとかなりますから……。ホントだって！

10 パーツの対応付けが終わったらもう一度上部の「再生」をクリックして動きをチェックしてみましょう9。髪の毛パーツなども正しい対応付けをしたことで動きがだいぶ自然になりました。相変わらず目はうまく閉じられないみたいだけどなんだかだいぶかわいく見えてきましたよ……！

チェックしてだいたい動きに問題がなければ画面下部の「OK」をクリックしてください10。

11 もとの画面に戻りましたが、ただのイラストだったものにポリゴン分けされたデータや曲面の情報などが加わりました。いくつも重なった灰色の枠は曲面のデータですね。
　これでテンプレートの適用は終わり。次は瞳の開閉をはじめとした、細かい動作の設定に移ります。

自動設定されたパラメータを消去する

パーツの移動や変形を正しく行うために、「パラメータ」の調整を行います。Live2Dにおけるパラメータ調整とはなにか？ ここではマユゲを例にとって見ていきましょう。

1 「パラメータ」タブの「左眉 上下」パラメータに注目します❶。丸いポイントが3つあり、初期状態では真ん中の丸が赤くなっています。

2 この赤い丸を左にスライドさせる❷と、形がゆがんでしまっていますがマユゲの位置が下がります❸。

3 右にスライドさせる❹と、やはり若干ゆがんでいますが、位置が上がります❺。このゆがみを直しつつ、自分の意図した動きを組み込むのがLive2Dにおける「パラメータの調整」です。

ではまずこのマユゲの動きを調整してみましょう。

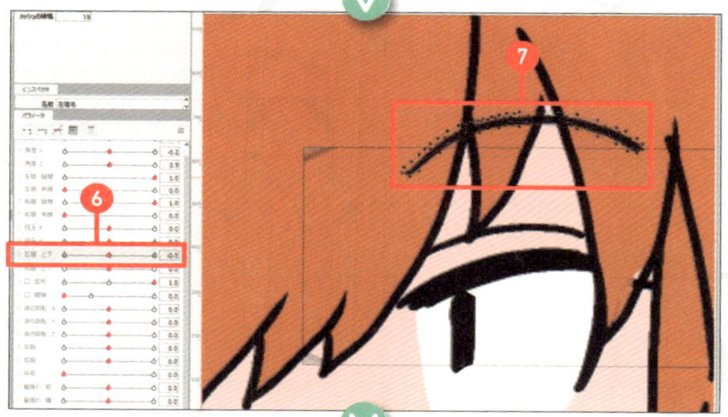

4 「左眉 上下」のスライダーを中央のデフォルトの状態に戻し❻、イラストの左マユゲをクリックします❼。するとこのようにポリゴン分けされたメッシュが表示され、スライダーは丸い3つのポイントが緑色になります。これはイラストの「選択したパーツ」と「選択したパラメータ」が紐付いていることを表しています。

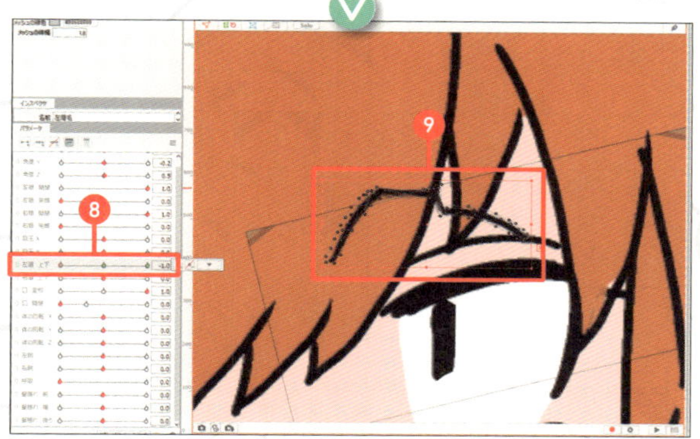

5 この状態で「左眉 上下」のスライダーを動かす❽と、先ほどと同じようにマユゲのパーツが変形します❾。ですがこの変形はテンプレートの適用によって自動的に割り振られた変形なので、ゆがんでしまってかわいくありません。

なので、ここで自動的に割り振られたパラメータを消去する必要があります。

キーを削除したり追加したりするときは
パーツがデフォルトの、ゆがんだ状態
になってないかちゃんと確認しろよ

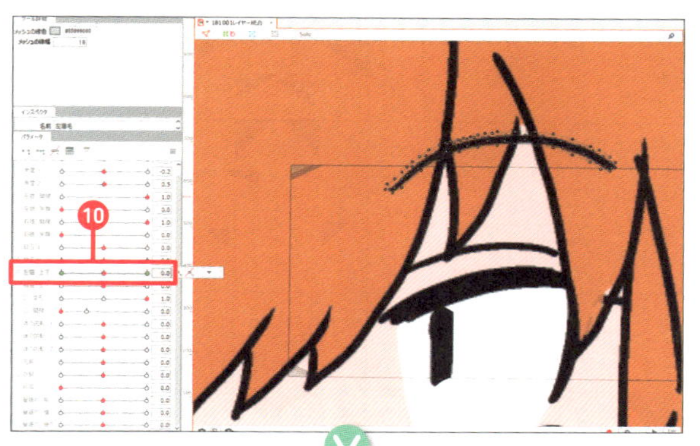

6 まずはスライダーを真ん中（初期状態）に戻します❿。スライダーを左右に動かした状態（パーツがゆがんだ状態）で後述するパラメータの消去の操作を行ってしまうと、ゆがんだ状態がデフォルトになってしまうので注意してください。

7 次にこの状態で、パラメータタブ上部にある「すべてのキーを削除」をクリックします⓫。

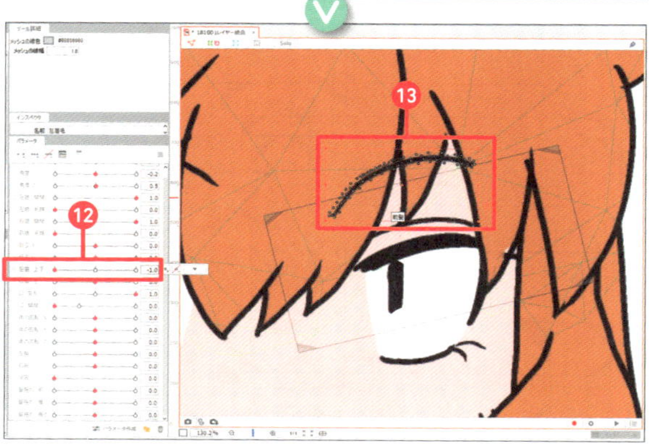

8 すると、イラストの左マユゲを選択しているにも関わらず、パラメータの「左眉 上下」スライダーが緑色でなくなりました。これはマユゲの変形のパラメータが削除されたからです⓬。

スライダーを左に動かしてみると、パラメータとは別に自動で割り振られた曲面の情報をもとに下に向かって動きはするものの、先ほどのようにゆがんでいません⓭。

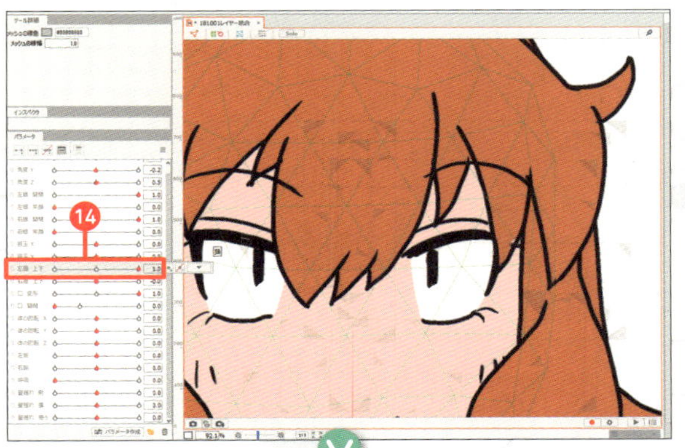

9 スライダーを右に動かした、マユゲの上の動きも同様⓮。かなり自然な見た目となりましたね。マユゲについては自動で与えられた曲面の情報だけで十分なようです。先ほどテンプレートを適用する際に、きちんとパーツ対応をさせておいた甲斐がありました。右マユゲも同様に、パラメータの変形を削除して自然な見た目になるよう調整しましょう。

10 両マユゲともに変形パラメータを削除し、マユゲを試しに動かしてみたところ。当初のいびつな形ではなくなり、自然な見た目になりました。

目の開閉を自然な見た目に調整する

パーツの対応付けだけでは、きちんと閉じられなかった目。ここからは、自然な見た目になるよう自動設定されたパラメータを削除し、新たに変形パラメータを設定していきます。

1 パラメータタブの中にある「右眼 開閉」スライダーを右に動かしてみましょう❶。イラストを見ると右眼を閉じようと努力しているのは見受けられるものの、やはり形がいびつで不気味です……。これらをパーツごとにパラメータ調整することで自然な見た目にしていきます。

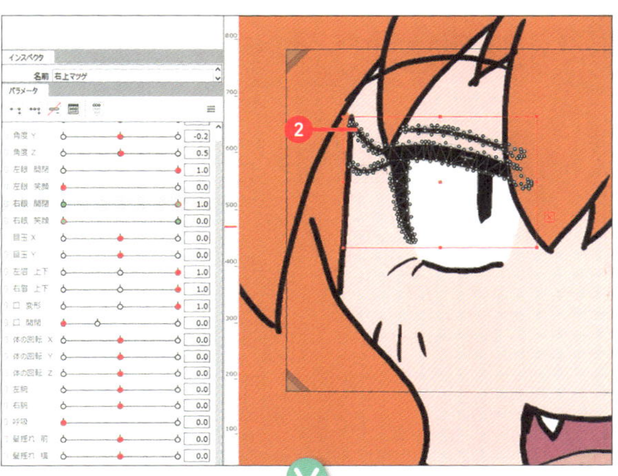

2 まずは上マツゲから調整してみましょう。右上マツゲのパーツをクリック❷し、

3 先ほどマユゲで行った手順と同様に「すべてのキーを削除」をクリック❸して、パーツの変形パラメータを削除します。

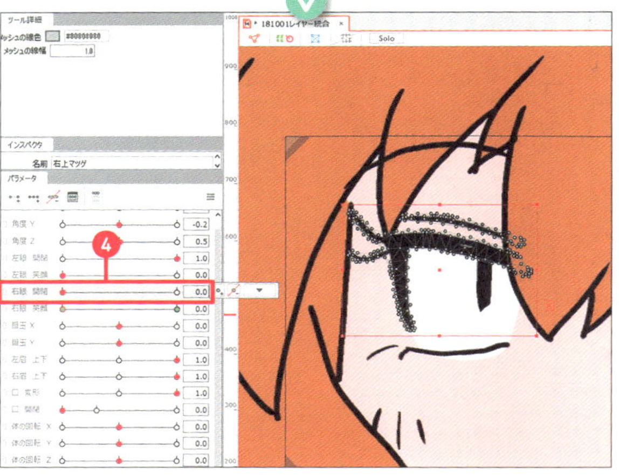

4 変形パラメータを消去したことで、「右眉 開閉」のスライダーを左に動かして目を閉じさせようとしても❹、右マツゲは変形しなくなりました。この状態から新たに、変形パラメータを設定します。

5 一度「右眼 開閉」のスライダーを右端（目を開いた状態）に戻し❺、パラメータタブ上部の「キーの２点追加」をクリックします❻。

6 この状態で「右眼 開閉」のスライダーを左端（目を閉じた状態）にし❼、いよいよマツゲを直接変形させます。

移動したり、拡大縮小させたり、メッシュの位置を調整することで理想の「目を閉じた状態」に変形させていきましょう❽。

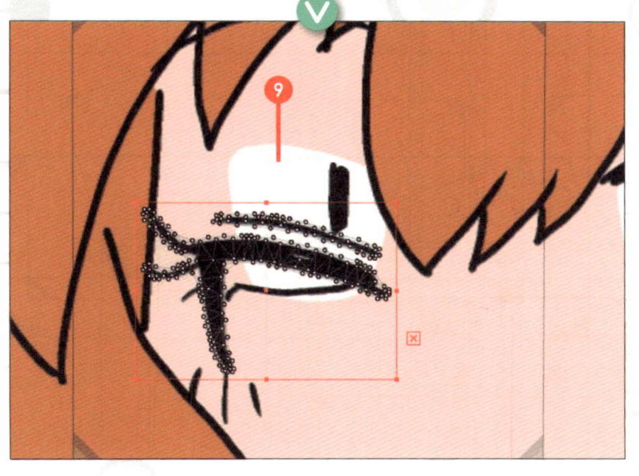

7 まず、パーツを囲う赤い枠中央付近をドラッグして上まぶたパーツ全体を下に下げます❾。目を閉じた状態をイメージしながら、下まぶたの位置も参考にしつつ適当な位置にセットしてください。

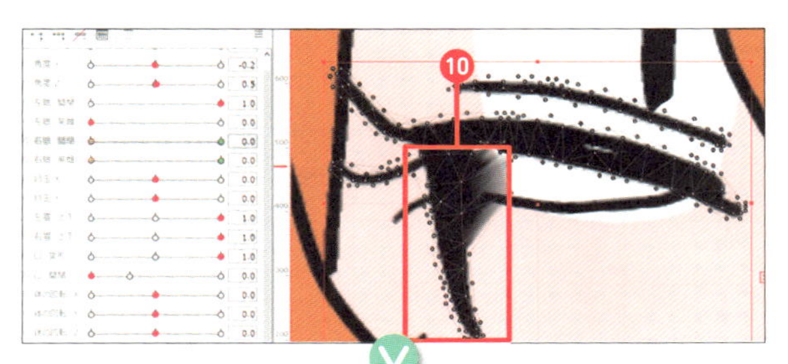

8 次に、下に向かって突き出た横のマツゲを上マツゲにしまい込むようなイメージでメッシュをひとつひとつドラッグして変形させます⑩。面倒な作業ですがキレイな形になるようがんばりましょう。

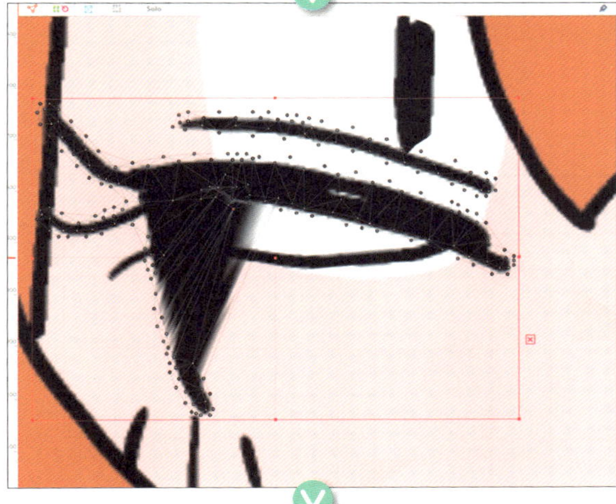

9 やればやるほど「これで大丈夫なのか!?」という形になっていきますが、全部上まぶたの中にしまえば大丈夫です。ある程度キレイになります。多分。適当にやっていきましょう。

10 最終的にこんなカンジに折りたたみました。下に突き出ていた横マツゲが、すべて上マツゲの中にしまわれていることが点の位置でわかるでしょうか。

これくらい適当でもなんとかなります。もちろんもっと緻密なパラメータ設定をして美麗なアニメーションを製作している「Live2D職人」のような人もいるのですが、本ソフトのいいところはこういう適当な調整でもなんとなくそれっぽく動いてくれるところかな～なんて思っています。

11 離れて見たところ。まだ白目や下マツゲの調整が終わってないため変な重なりかたをしていますが、上まぶたに注目してみるとなかなかかわいい笑顔になりそうな予感がしますよね!?

12 この状態で「右眼 開閉」のスライダーをもとに戻す（右端に動かす）と⓫、目が開きます。何度もスライダーを動かして目の開閉具合を確認しましょう。おかしな動きでなければほかの部分の調整に移ります。

下マツゲと白目を調整する

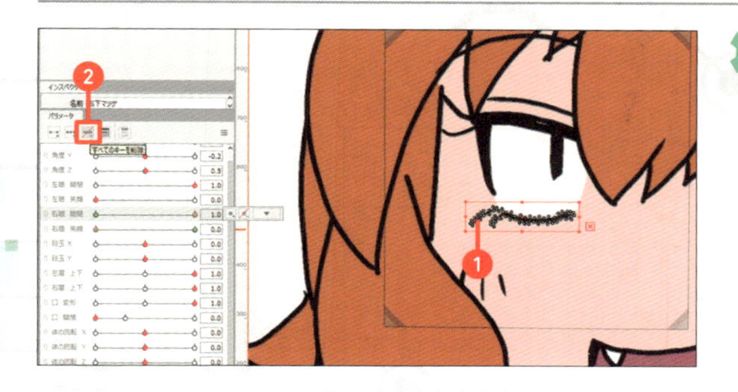

1 続いて下マツゲの調整に移りましょう。上マツゲの調整と同様に、今回は下マツゲを選択❶。「すべてのキーを削除」をクリック❷し、自動で割り振られたパラメータ設定を消去します。

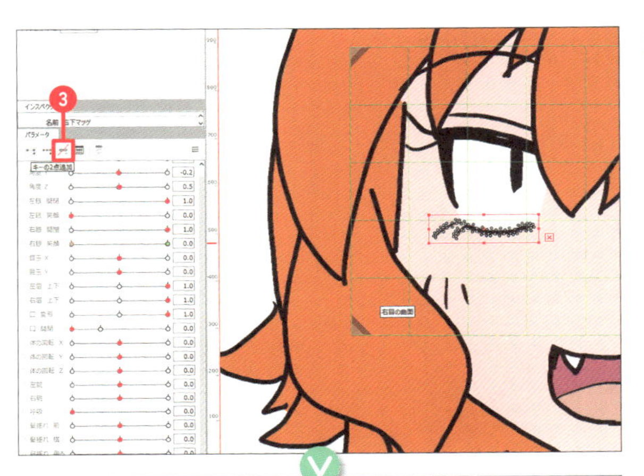

2 「キーの2点追加」をクリック❸して、下マツゲの変形作業に移ります。

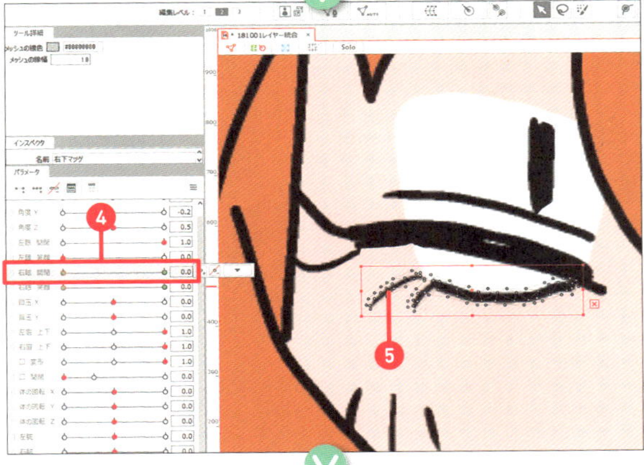

3 「右眼 開閉」のスライダーを左端に動かして目を閉じた状態にします❹。

目を閉じたときに自然になるよう、上マツゲに重ね合わせるように下マツゲの位置を調整しましょう❺。今回は大胆な変形は必要なさそうです。

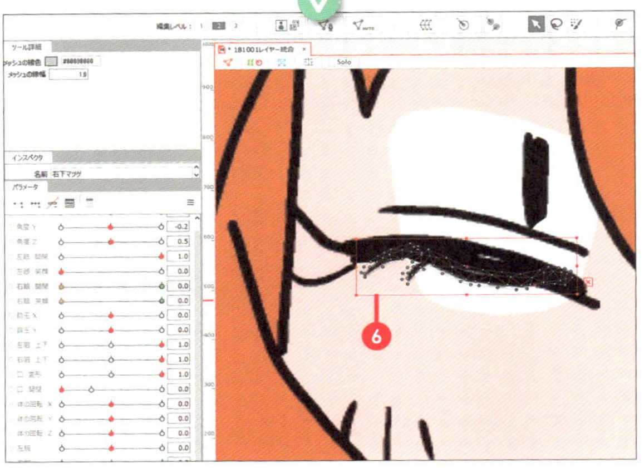

4 少しだけ角度を変え、上まぶたに重なるように位置を上に動かしてみました❻。

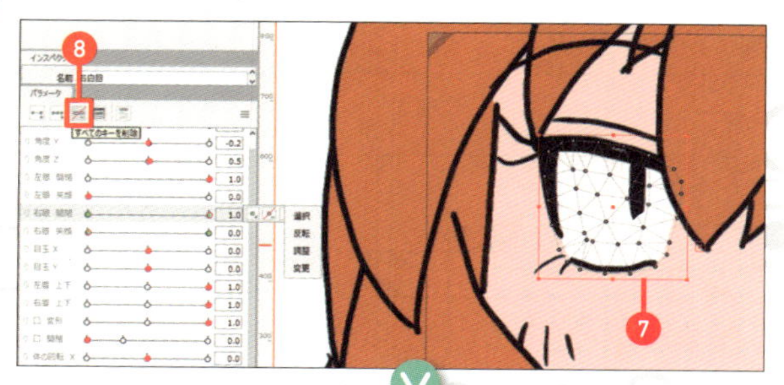

5 続いて白目の部分を調整します。白目を選択7して、「すべてのキーを削除」をクリックします8。

6 「キーの２点追加」をクリック9して調整します10。白目はマツゲの下に隠れるように、上下に縮めてしまいましょう。

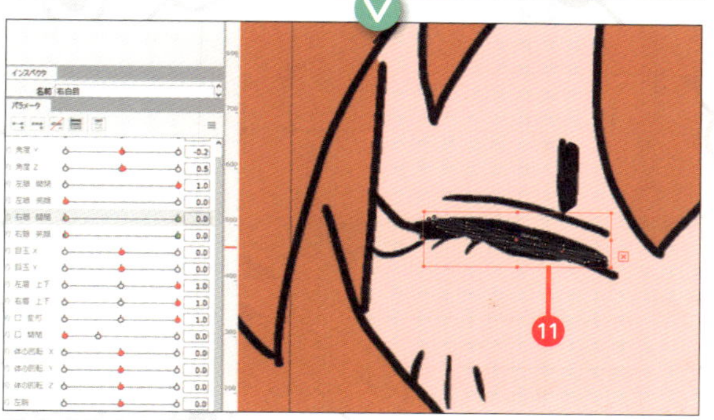

7 白目をマツゲに隠れるくらい思いっきりつぶしてしまって、角度もマツゲに沿うように下に隠してしまいます11。これでOK。

めちゃ雑な方法に見えるかもしんねーけど案外なんとかなるぜ

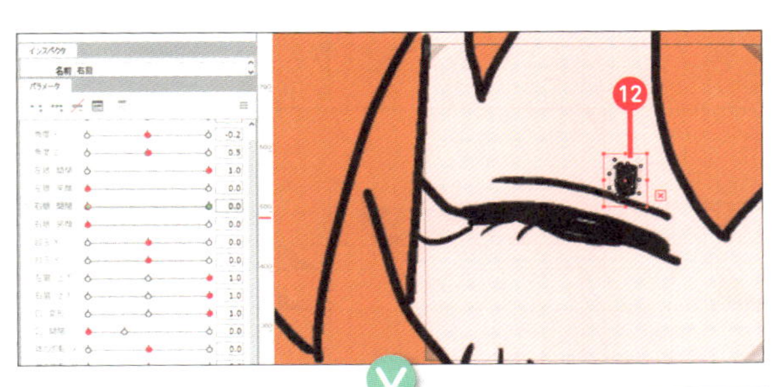

8 瞳も同様。マツゲに隠れるくらいまで小さくして隠しちゃいます12。

9 瞳を隠したらOK！ これで右眼の調整は完了です。

10 かわいくウインクしてくれてますぜ！「右眼 開閉」のスライダーを何度か操作して閉じ具合を見てみましょう。

雑にも思える方法でしたが、問題なく、自然に目を閉じてくれているのがおわかりいただけるでしょうか。

11 まだ調整が終わっていない左眼もいっしょに閉じてみたところ。違いは一目瞭然ですね。

右眼と同じ要領で左眼も調整してみましょう！

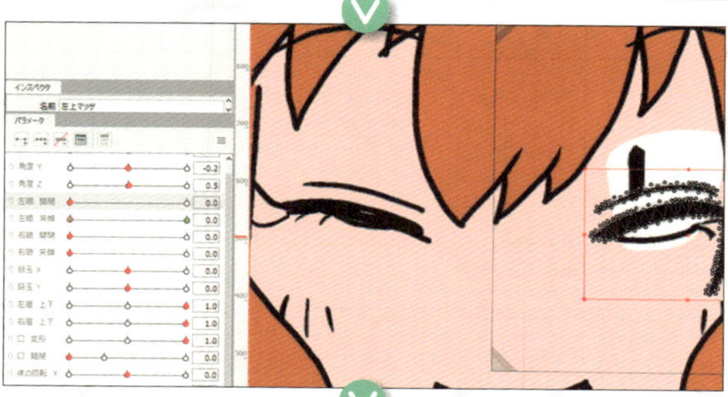

12 左眼の調整は基本的に右眼とやることは同じですが、あらかじめ右眼も閉じた状態にしておいて、左右で違和感が出ないように気をつけながら調整するとよいでしょう。

13 両目を閉じた状態のパラメータ調整が終わったところ。なかなか人懐っこい表情になってくれました！ こんなカンジで各所を調整していきます。

口の開閉を自然な見た目に調整する

目のパラメータ調整と同じ要領で、口の開閉も自然な見た目になるよう調整していきます。先ほどの手順のおさらいも兼ねて、どんどん進めていきましょう。

1 「口 開閉」スライダーを動かしたところ。こちらもなんだかすごいことになっていますね……。「口　開閉」をクリック❶し、調整していきましょう。

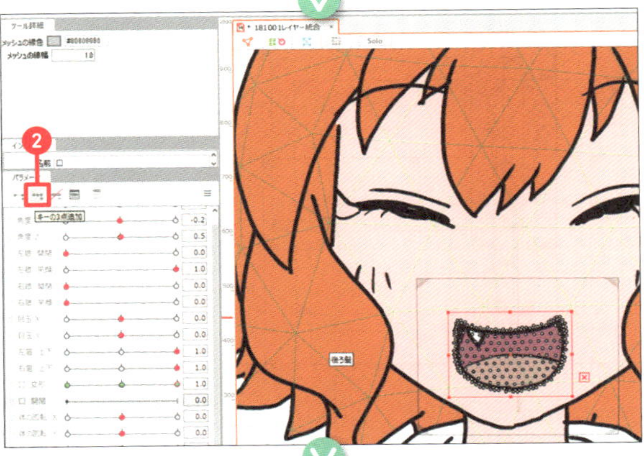

2 目は「開いている」「閉じている」の2パターンだけにしましたが、口は「通常」「閉じている」「大きく開けている」の3パターンにしたいので「キーの3点追加」を選んでみます❷。「2点追加」では端にひとつずつだったパラメータの設定ポイントに、真ん中のひとつが加わって3点になります。

3 大きく開けた状態では、デフォルトより口を上の位置に移動させつつ全体を少し拡大します。

4 閉じた状態は縦に縮めてみました。完全に閉じてはいませんが、まあ動いてみるとそんなに違和感はない……はずです。多分。もし変だったらあとで修正すればいいので、どんどん進めていきましょう。

身体の回転を確認する

次は身体の回転について確認と調整をしてみましょう。回転といってもぐるぐると車輪のように回るようなものでなく、「縦、横、奥の方向に身をよじる」ようなイメージです。

1 まずはパラメータタブの「角度Y」のスライダーを操作してみましょう。スライダーを左に動かすと顔が下を向きます❸。

2 「角度Y」のスライダーを右に動かすと顔が上を向きます❹。どのパーツもいい感じに動いていて違和感はないですね。この角度は調整せずにこのまま使えそうです。

3 「角度X」のスライダーを動かしてみましょう❺。これは横に身をよじるような動きです。

スライダーを左に動かして右を向かせると……全体的には問題がなさそうですが、頬の曲面の線の位置が動いていないため違和感があります。髪の毛のゆがみ具合ももう少し調整したいところです。また、右腕も少しスライドするような動きになっていて違和感があるため、調整していきます。

4 「角度X」のスライダーを右に動かして左を向かせてみます❻。

顔は右を向いたときほどの違和感はありませんが、やはり頬の線の位置がおかしいですね。そして左腕は肘から完全に外れてしまっています。このあたりを調整していきましょう。

頬の線の位置を調整する

次に頬の線の位置を調整していきます。また、頬の線は頭部からレイヤーを分けて別パーツ化しました。このように最初は1つのパーツとして作ったパーツをあとからデータ修正する方法は、P.100のコラムで詳しく解説します。

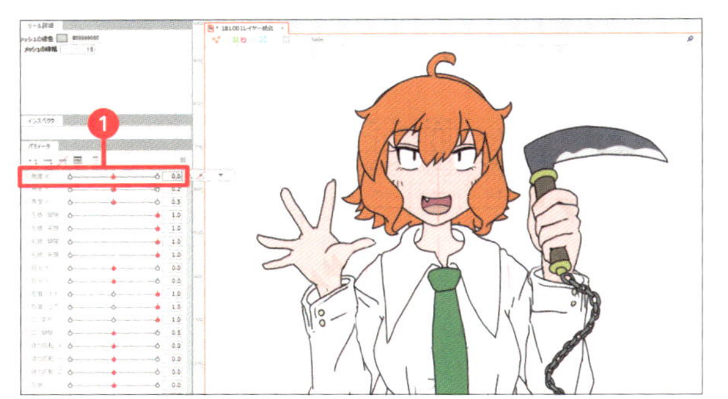

1 まず、パラメータの「角度X」の位置を中央に戻します❶。

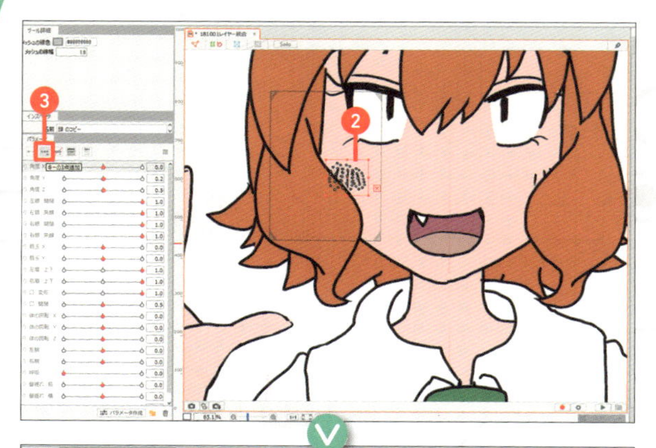

2 右頬の線をクリック❷して、「キーの3点追加」をクリックします❸。

3 「角度X」のスライダーを左に動かして身体を右に向かせます❹。

4 右頬の線を違和感のない位置に動かし、大きさを少し細く縮めました❺。

5 選択を解除して確認するとこのようになっています。自然な位置になっていますね。

6 左を向いたときも同じように、右頬の線を調整します❻。まだ左頬の線の位置調整をしていないのでやや違和感がありますが、位置的にはこんなところでしょう。

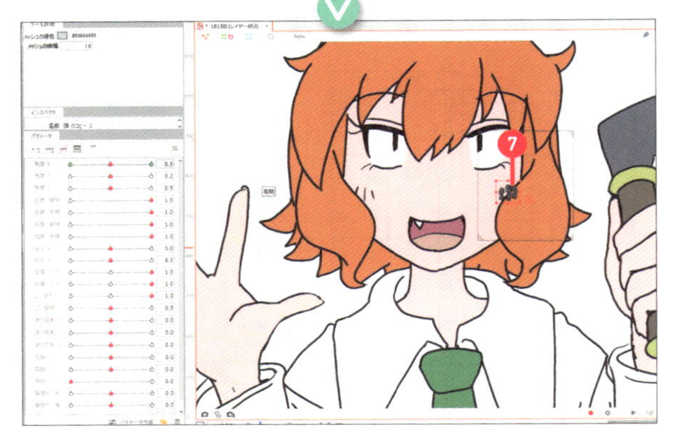

7 右と同じことを左頬の線でも繰り返します。大きさを縮め、位置を調整しました❼。

8 これで頬の線の位置調整が完了しました。

前髪の位置を調整する

身体が左右に動いたときに自然に動くよう、前髪も調整していきます。手順は頬の線の位置調整と同様です。

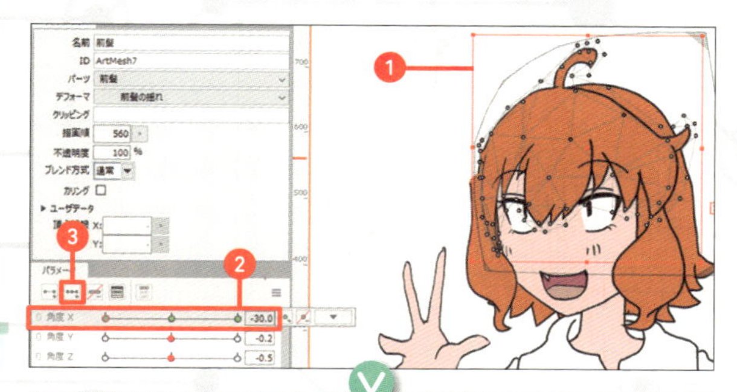

1 前髪を選択❶して「角度X」のスライダーを動かし❷、「キーの3点追加」をクリックします❸。

2 サイドのつなぎ目が隠れる程度に前髪を右側に拡大してみました。

3 左側も同様の手順で調整していきます。

身体のパーツを調整する

顔のパーツの調整と同様に、横を向いたときの手の動きや位置を調整します。

1 腕が肘から位置が動いてしまわないように調整します。やり方はここまでの手順と同様です。

2 鎖も位置調整がてら、身体の向きに合わせて少し揺れるように角度を調整しました。

❸ 続いて「パラメータ」タブの「角度Z」を調整します❶。身体を横方向に傾ける動きですね。

❹ 全体的に問題ありませんが、やはり腕が肘から外れてしまっている❷ので、この位置調整だけ行います。

❺ 流れはもう問題ありませんよね！ 右腕を選択❸して、「キーの3点追加」❹。

ぶっちゃけ目と口のゆがみさえ調整すればこのへんはテキトーでもだいじょぶだぜ

6 スライダーを動かし❺、パーツの位置を調整します❻。

7 せっかくなので位置を合わせるだけでなく、腕を広げる動きを付けてみましょう。

8 左腕も同様に位置を調整します。

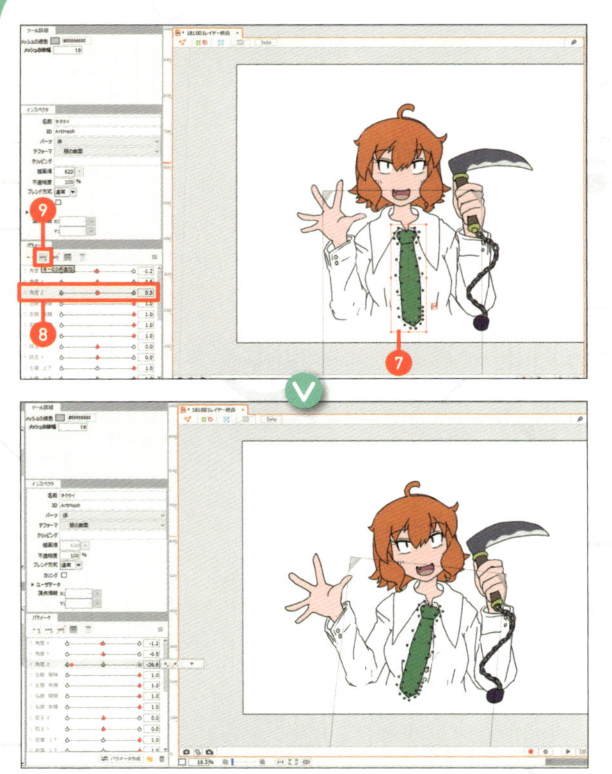

9 おっと忘れてた。ネクタイにも動きを付けたくて別パーツに分けたんでしたね。ネクタイを選択❼して「角度Z」のスライダーを動かし❽、「キーの3点追加」をクリック❾。

10 ひとまず動きの調整はこんなところでしょう。
　あとは実際に動かしてみて、おかしなところを見つけたらそのまま押し通すなりLive2Dまで戻ってきて調整するなり試行錯誤してみてください。今回はこんなもので先に進みます。

PSDデータの差し替え

P.93で触れましたが、今回のデータは当初、頭部と同じパーツとして書いていた頬の線（詳細はP.58参照）を、あとからレイヤー分けして別パーツ化しました。こうしたように「やっぱりあとからもとのイラストを修正したくなっちゃったぞ」というときにはどうしたらいいのでしょうか？
　答えはカンタン。更新したPSDデータを、編集中のLive2Dのウインドウにドラッグ＆ドロップするだけです。すると読み込みのあとに「モデル設定」ウインドウが出てくるので、現在編集中のファイル名を選択した状態で「OK」を押せば、設定されたパラメータなどはそのまま、新しいPSDデータを読み込んでくれます。
　このようなPSDデータの差し替えは、工夫すれば服装や髪型の差分なども作ることができるので覚えておくとなにかと便利です。

テクスチャアトラスを作る

ここからテクスチャアトラスを作ります。テクスチャアトラスとは、キャラクターを構成する「パーツの一覧」みたいなものです。モデルを書き出すために必要なため、ここで作成しておきます。

1 画面上部の「テクスチャアトラス編集」をクリックしてください❶。

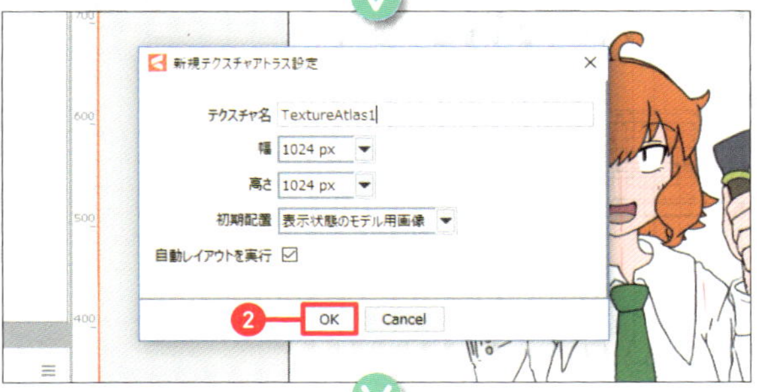

2 「新規テクスチャアトラス設定」というウィンドウが出るので数値はそのままで「OK」を選択します❷。

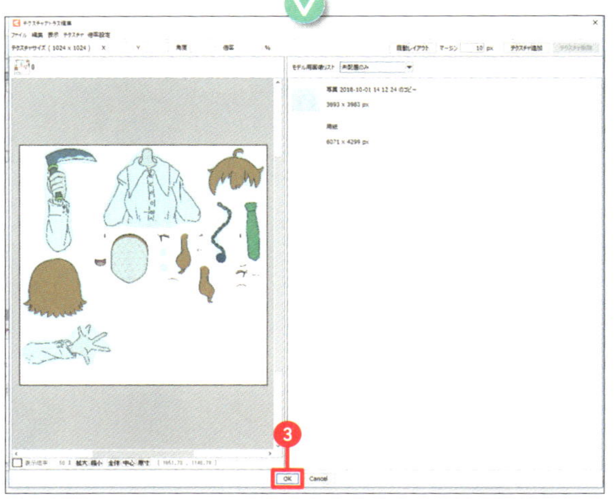

3 するとテクスチャアトラスが自動で生成されます。こちらも特に手動で操作する必要はないので、そのまま「OK」をクリックすればテクスチャアトラスが作成されます❸。

ファイルの保存と書き出し

テクスチャアトラスの作成が終わったら、いよいよファイルの保存と書き出しです。難しい手順はないのでサクサク進めていきましょう！

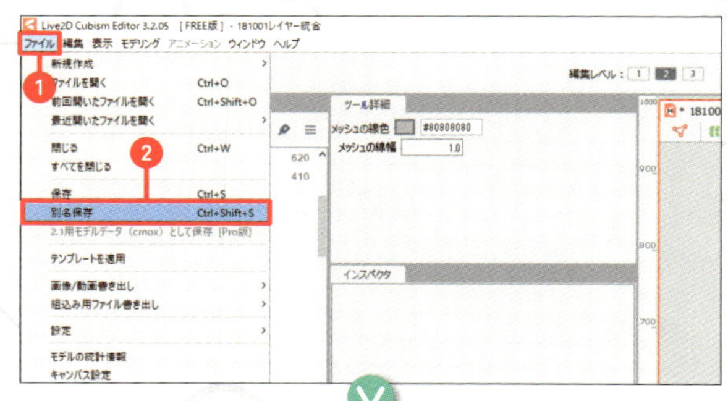

1 まずは作業ファイルを保存しましょう。「ファイル」をクリック❶し、「別名保存」をクリックし❷ます。

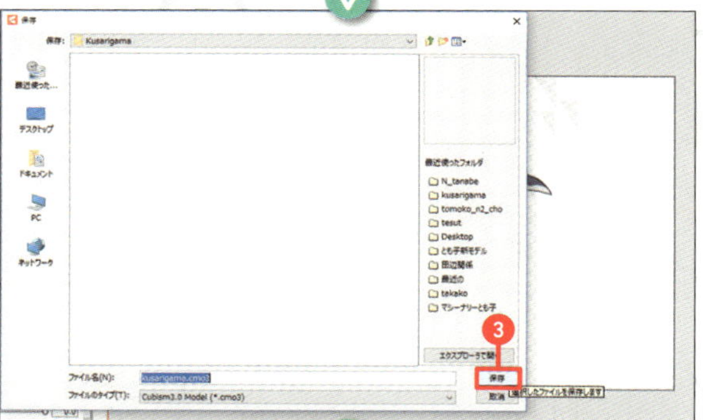

2 デスクトップなど、わかりやすい場所にフォルダーを作り、わかりやすいファイル名を付けて「保存」をクリックします❸。今回、ファイル名は「kusarigama」にしました。拡張子の「.cmo3」は消さないでくださいね。

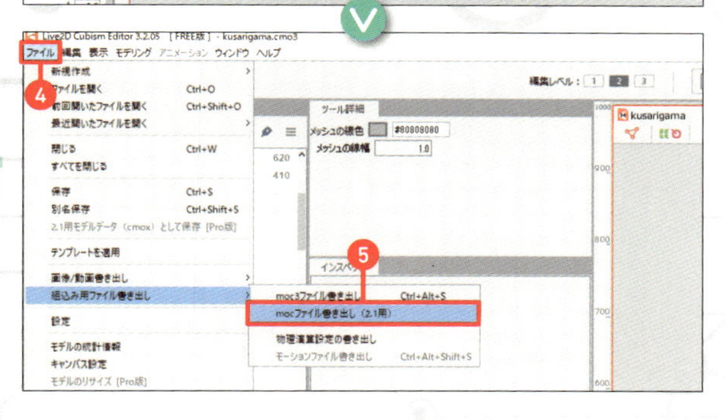

3 続いて書き出します。「ファイル」❹→「組込み用ファイル書き出し」→「mocファイル書き出し（2.1用）」❺とクリックしてください。

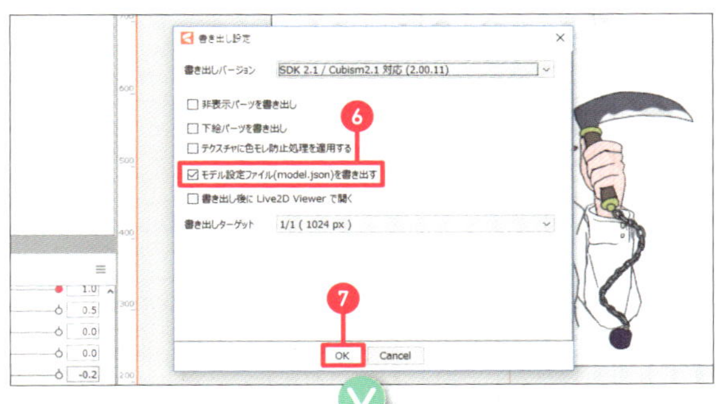

4 「書き出し設定」ウィンドウが表示されます。
「モデル設定ファイル（model.json）を書き出す」には必ずチェックを入れ❻、「OK」をクリックしてください❼。

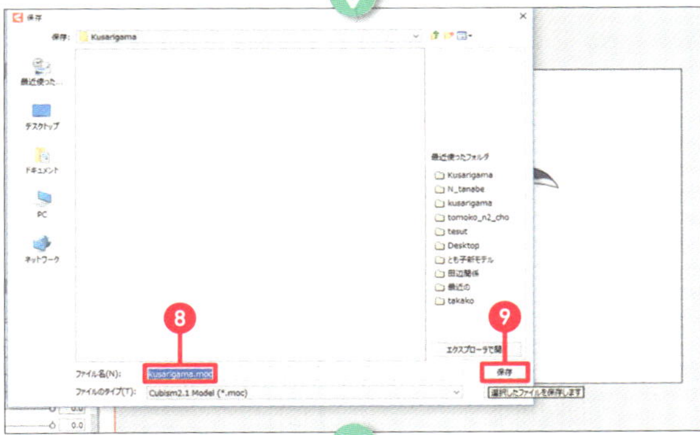

5 ファイル名は先ほどと同じく「kusarigama」に設定❽し、「保存」をクリック❾。
なお、ファイル名はどれも同じにしておいてください。

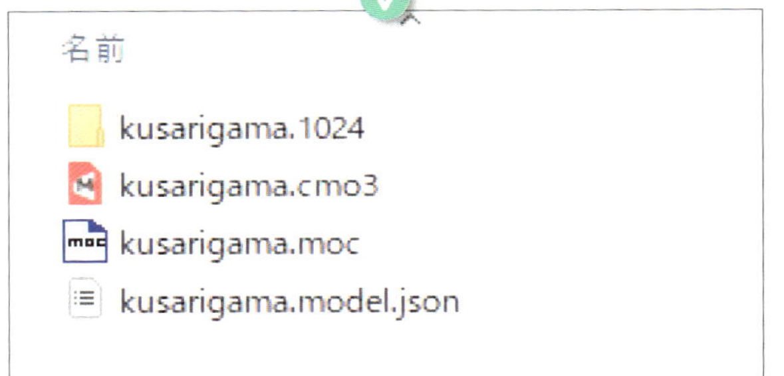

6 保存したフォルダー内がこのような構成になっていればOK。Live2Dの設定は以上です。
「kusarigama.1024」はテクスチャアトラスが収められたフォルダー。「kusarigama.cmo3」はLive2D Cubism Editorの作業用ファイル。「kusarigama.moc」はLive2Dモデルのデータ。「kusarigama/model.json」はモデルの設定ファイルです。

今回デスクトップに保存してんのは、このあとの解説のためなので、慣れたらいきなりFaceRigのフォルダ内に保存しちゃっていいぞ

FaceRigにモデルを読み込ませよう

いよいよ、作成したLive2DモデルをFaceRigに読み込ませ、実際に動かしていきます。最初にカメラのセッティングとFaceRigの準備を行いましょう。

Webカメラのセッティング

まずはWebカメラの準備をしましょう。接続はUSBケーブルでパソコンにつなぐだけなので簡単です。

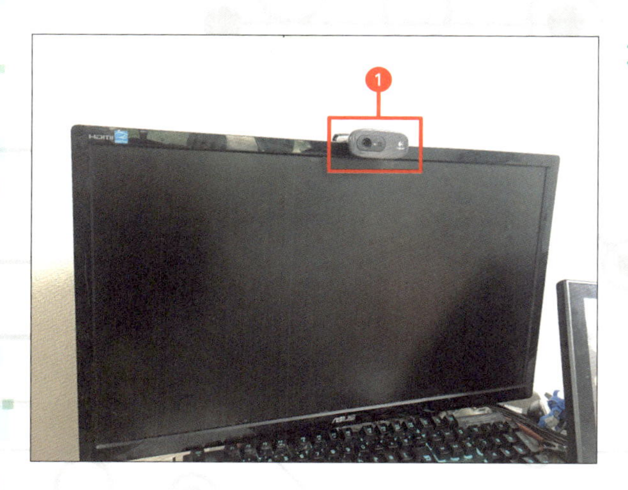

1 P.49でも述べましたが、私はロジクールの「C270」という機種を使っています。USBケーブルで接続したら、写真のように適当にディスプレイの上にアームを使って設置します❶。ガッチリ固定するわけでなく、引っ掛けておくといった程度で問題ありません。

マイクは購入したほうがいい？

Webカメラの多くは、マイクの機能も搭載されています。特別なこだわりがなければ、マイクを別途購入する必要はないでしょう。これからWebカメラを購入する方は、購入前にマイクの機能があるか確認しておくといいですね。

FaceRigの導入

続いて、FaceRigをダウンロードしていきます。FaceRig本体のほかに、Live2Dを使うためのDLC「FaceRig Live2D Module」も必要なため、忘れずにダウンロードしておきましょう。

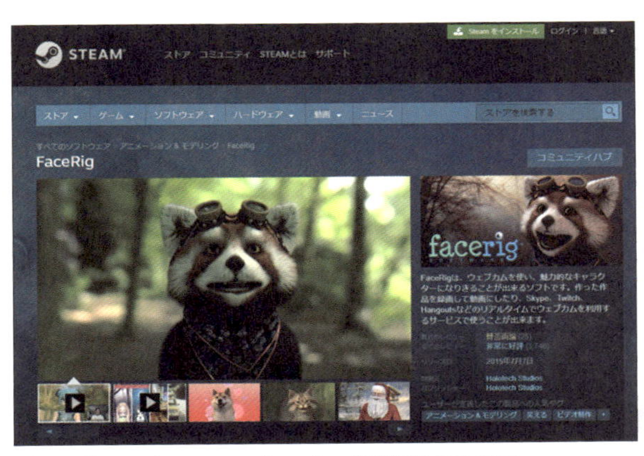

https://store.steampowered.com/app/274920/FaceRig/

1 カメラを接続したらFaceRigを導入します。Steamより購入・ダウンロードしてください。

https://store.steampowered.com/app/420680/FaceRig_Live2D_Module/

2 Live2Dを使うためのDLC「FaceRig Live2D Module」を購入しましょう。

私ははじめてLive2Dモデルを作ったとき、このDLCを入れなければいけないことに気づかず「バカな……。導入方法は完璧なはずだ……。なぜ、なぜ動かない！！」と2時間くらい悩みました（アホ）。

Steamとは？

「Steam」は、アメリカのValve社が運営するデジタルゲームやソフトウェアの配信サービスです。購入したゲームやソフトは、インターネット環境のあるどのPCからでもインストールできるのが特徴です。

FaceRigの動きを確かめる

FaceRigをダウンロードしたら、起動して動きを確かめましょう。デフォルトで用意されている3Dモデルを使って、自分の表情と連動するか確認できます。

1 Live2Dモデルを読み込ませる前にWebカメラのテストも兼ねてちょっと試しに使ってみます。FaceRigを起動するとこのようなウインドウが表示されますので「LAUNCH」をクリックしてください❶。

2 起動するとデフォルトではこのようなアライグマの3Dモデルが表示されます。

3 Webカメラが正しく接続されていれば自分の顔とアライグマのモデルが同期するはず。身体を動かしてみたりまばたきしてみたりしゃべってみたりして、動きを確かめましょう。

4 ここで、画面上部にあるメニューの「アバター」をクリック❷すると、

5 アバターギャラリーが表示され、最初から登録されているさまざまなモデルを選択することができます❸。ここでいろいろ試してみてもいいでしょう。

自分で作ったLive2Dモデルも、読み込むとここに表示されます。

自作Live2Dモデルを読み込ませる

それではいよいよ自作のLive2DモデルをFaceRigに読み込ませます。前節で作成したモデルを使いましょう。

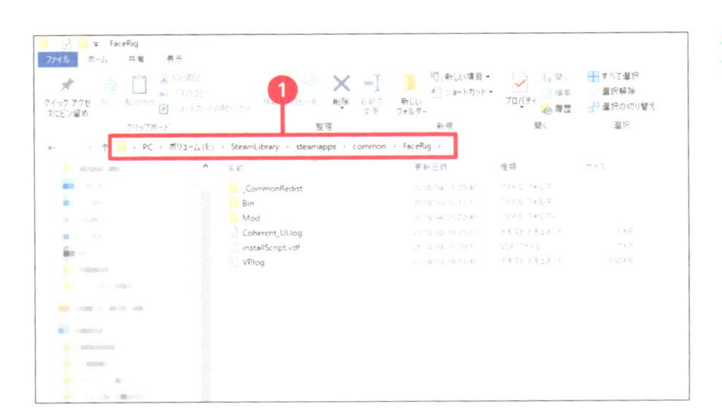

1 まずSteamにインストールされた「FaceRig」フォルダーを探します。Steamをインストールしたドライブ内の「SteamLibrary > steamapps > commmon」内にあります。私の場合はEドライブにインストールしたので「PC > ボリューム(E:) > SteamLibrary > steamapps > commmon > FaceRig」という階層になっています❶。

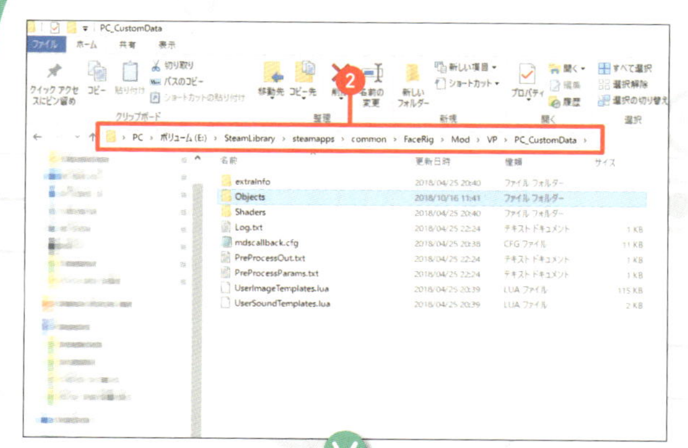

2 次に「FaceRig」フォルダー内にある「Objects」フォルダーを探します。「FaceRig＞Mod＞VP＞PC_CustomData＞Objects」です❷。
「Objects」フォルダー内に、前節（P.103）で作った「.1024フォルダー」「mocファイル」「.model.jsonファイル」が揃ったフォルダーを格納します。

3 読み込みは指定のフォルダー内に作成したLive2Dモデルのフォルダーを入れ、FaceRigを起動するだけで完了します。
FaceRigを起動したらメニューの「アバター」をクリック❸して、「アバターギャラリー」を開きます。

4 画面を下にスクロールし、「Workshop and Custom Avators」の「?」をクリックします❹。この「?」は、前もってサムネイルの画像を作っていなかったため表示されています。一度読み込めば次回起動時からは自動で生成されます。

5 見事読み込むことができました！ 鎖鎌ちゃんが表示されます。

6 カメラの前でいろいろな表情を作ったり身体を動かしてみたりして、挙動を確認しましょう。ものすごい勢いでパーツが宙を飛んだり変なふうにゆがんだりしていなければOKです。もし違和感のある動きを発見した場合は、再び「Live2D Cubism Editor」で調整してファイルを上書き、読み込みなおしましょう。

うーんしかし何度味わってもこの瞬間は感慨深いものがあるぜ……。

というわけで「Live2Dモデルを作り、FaceRigに読み込ませる」作業はひとまず終了。次は実際に動画配信の方法や録画、編集について述べていきます。

受肉できて良かったね
もう元の身体には戻れないぞ

録画と生配信に挑戦しよう

無事Live2DモデルをFaceRigに読み込み、VTuberとしての肉体を得ることに成功しました。いよいよVTuberとしてデビューします。

OBS Studioの導入

スタイルとしては生放送する「**生配信**」と、録画・編集した映像を投稿する「**動画**」の2つがありますが、どちらも収録は「OBS Studio」というソフトでできます。

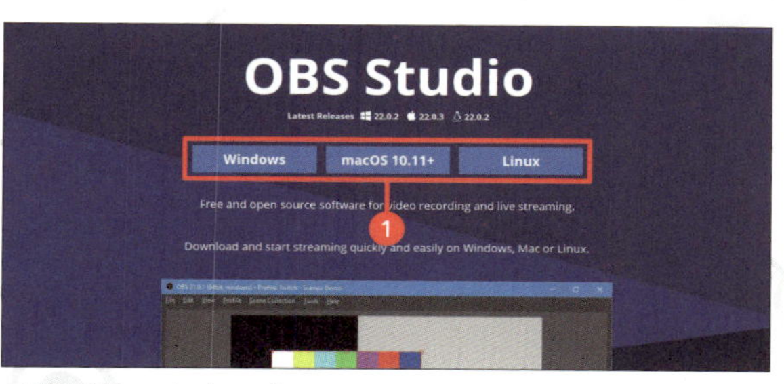

https://obsproject.com/ja

1 収録に必要な「OBS Studio」をダウンロードします。使っているOSをクリック❶すると、ダウンロードできます。

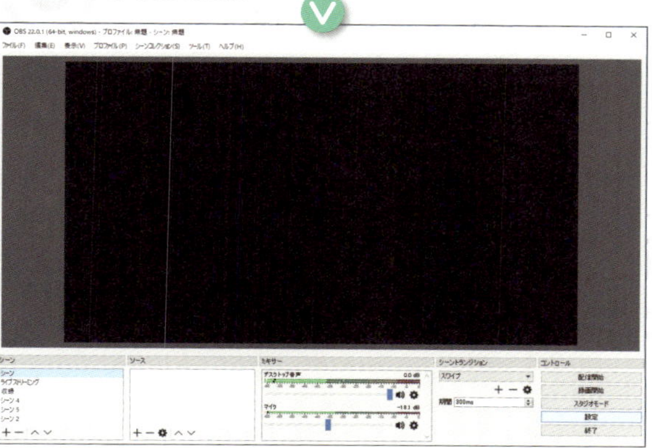

2 起動するとこのような画面が表示されます。配布サイトは英語ですが、ソフトは日本語に対応しています。左下の「シーン」のみ私が普段使ってる設定がいくつか表示されちゃってますが……。基本的には初回起動時もこのような画面になります。

Live2Dモデルとゲーム画面を合成する

それでは試しに「FaceRigに表示させたLive2Dモデル」と適当な「ゲーム画面」を合成してみましょう。ゲーム実況動画などで見たことがある人も多いのではないでしょうか？

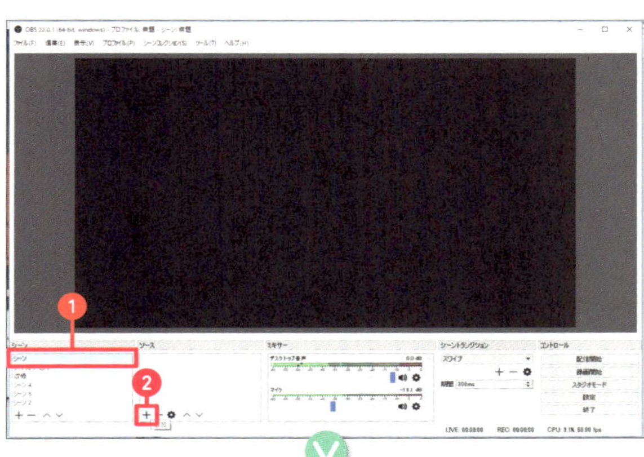

1 まず、適当な「シーン」を選びます。「シーン」とは「設定のプリセット」のようなもので、例えば私の場合はライブ配信したいときは「ライブストリーミング」、編集用の動画を収録したいときは「収録」というシーンを使い分けています。

シーンを選択❶したら、次に「ソース」ウィンドウ下部にある「＋」をクリックします❷。

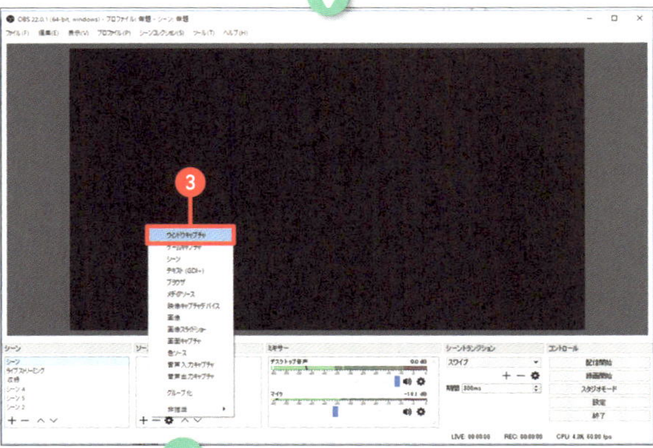

2 どんな映像ソースを追加するかの選択肢が表示されるので、今回は一番上の「ウィンドウキャプチャ」を選択してください❸。

3 「ソースを作成／選択」ウィンドウが表示されます。「新規作成」を選択した状態❹で、「OK」をクリックします❺。

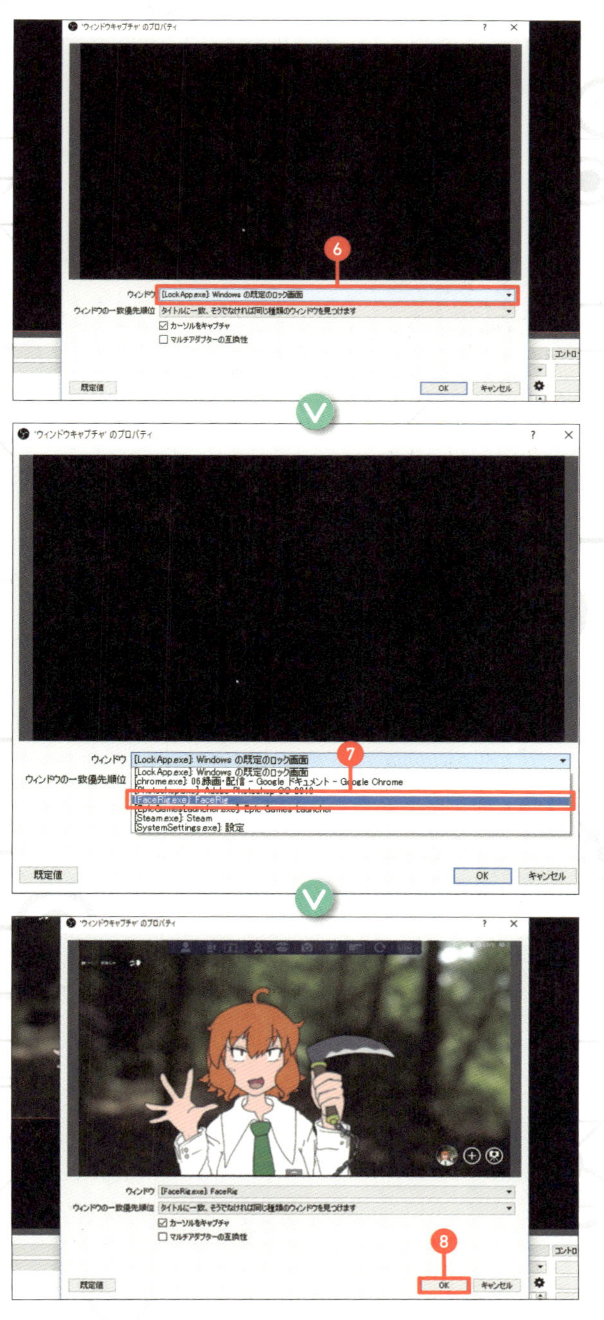

4 「'ウィンドウキャプチャ' のプロパティ」ウィンドウが開きます。

この画面では、PC上で開いているどのウィンドウをキャプチャするか選択することができます。「ウィンドウ」のタブをクリックしてみてください❻。

5 このように現在開いているウィンドウやソフトがズラッと表示されます。

まずは先ほど鎖鎌ちゃんを表示させた「FaceRig」を選択してみましょう❼。

6 このようにプレビューが表示されれば成功です。「OK」をクリックしてください❽。

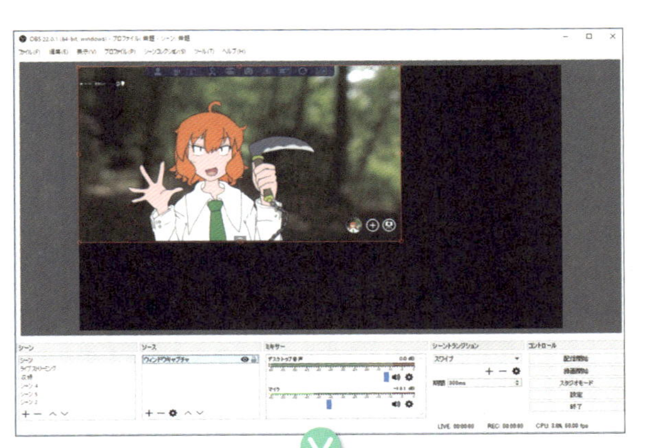

7 ウィンドウキャプチャの設定を終えたところです。このようにFaceRigのウィンドウが表示されています。

8 このキャプチャしたウィンドウは四隅をドラッグすることで拡大縮小したり、Altキーを押しながら四隅をドラッグしてトリミングしたりできます。

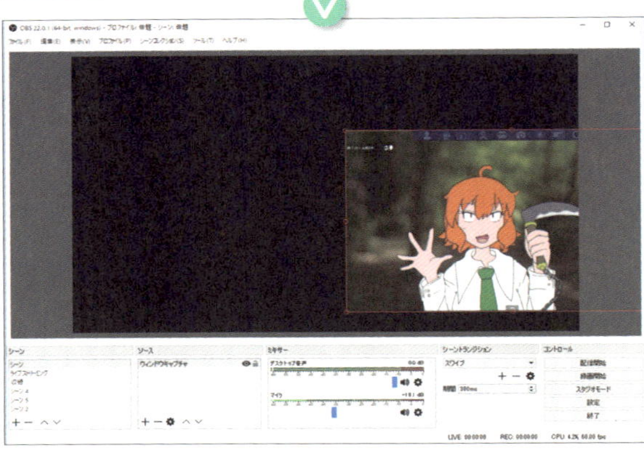

9 また、四隅以外をドラッグすることでウィンドウ全体を動かすこともできます。

「なんか背景がついててジャマじゃない？ ほかのVTuberはキャラクターだけが表示されてるぞ！」と思われるかもしれませんが、あとで説明するのでひとまずウィンドウキャプチャの基本はこんなところで、続いて適当なゲーム画面をキャプチャし、一般的な実況スタイルを作っていきましょう。

ゲーム画面をキャプチャする

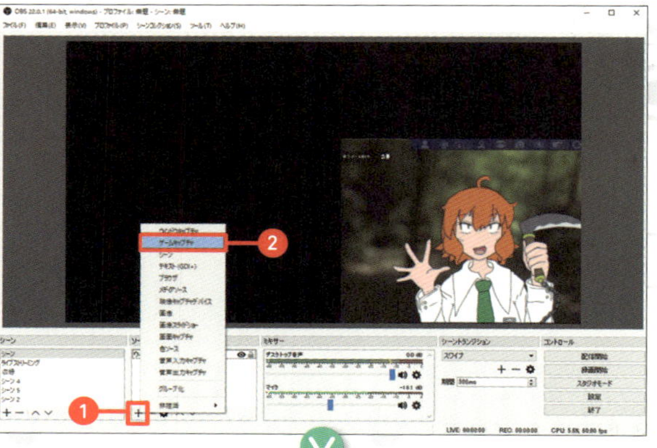

1 ゲーム画面をキャプチャするとはいっても、やることはFaceRigのウィンドウをキャプチャしたここまでの手順とほぼ同じです。実況したいゲームを起動し、「ソース」の「+」をクリック❶して、「ゲームキャプチャ」を選択❷。

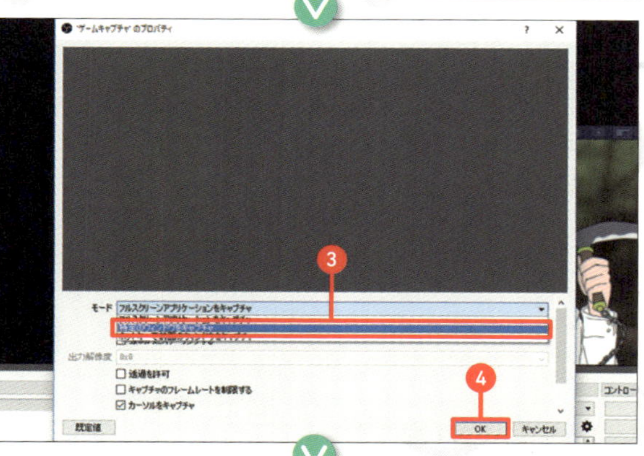

2 モードは「特定のウィンドウをキャプチャ」を選択❸し、「OK」をクリックします❹。

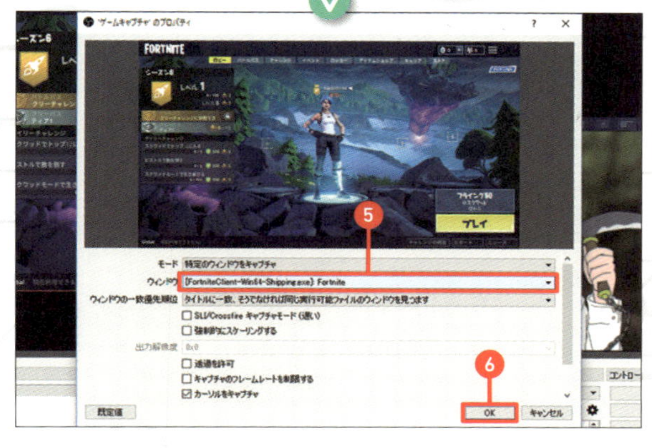

3 すると「ウィンドウ」からキャプチャする対象を選べるようになるので、先ほどと同じようにキャプチャしたいウィンドウ（今回はプレイしたいゲームのウィンドウ）を選択❺し、「OK」をクリックします❻。

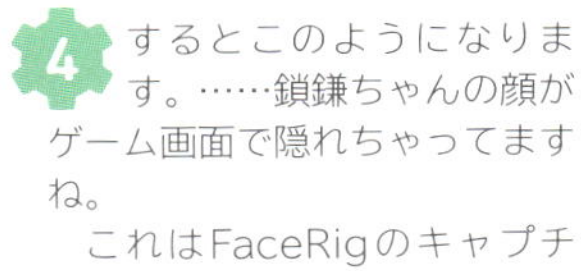

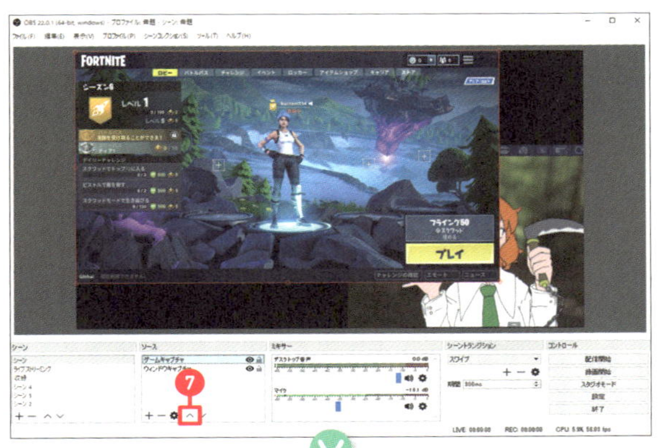

4 するとこのようになります。……鎖鎌ちゃんの顔がゲーム画面で隠れちゃってますね。

これはFaceRigのキャプチャのレイヤーが、ゲーム画面のキャプチャのレイヤーより下になっているためです。「ソース」の「^」をクリック❼して「ウィンドウキャプチャ」が「ゲームキャプチャ」の上にくるように修正します。

5 鎖鎌ちゃんがゲーム画面の上に表示されます。さてこうなるとやはりFaceRigの背景が気になりますね……。ということで続いてはキャラクターのみを表示させるよう設定していきます。

6 FaceRigの画面に戻り、上部メニューの「環境」をクリックします❽。

7 「背景グリーンスクリーン」を選択します❾。

これでFaceRig側の準備は完了……なのですが、ついでに上部メニューなどのボタンも非表示にしておきましょう。

8 上部メニュー右端の「アドバンスUIに変更する」をクリック❿。

9 すると上部メニューの項目が増えるので、続いて左端の「インタフェースを隠す」をクリックします⓫。

映画の撮影とかでよく
使ってる
グリーンバックみたい
なもんだな

10 するとボタン類を非表示にすることができました。それでは再びOBS Studioの操作に戻りましょう。

ウィンドウにフィルタをかける

1 OBS Studioの画面で、FaceRigのキャプチャを選択しておきます❶。この状態で「ソース」のウィンドウ中で「ウィンドウキャプチャ」を右クリック❷し、「フィルタ」を選択します❸。

2 「'ウィンドウキャプチャ'のためのフィルタ」が表示されます。

これはフィルタをかけるためのウィンドウで、ここでキャプチャしている映像に対してさまざまな効果を加えることができるわけです。

左下の「+」をクリックしてください❹。

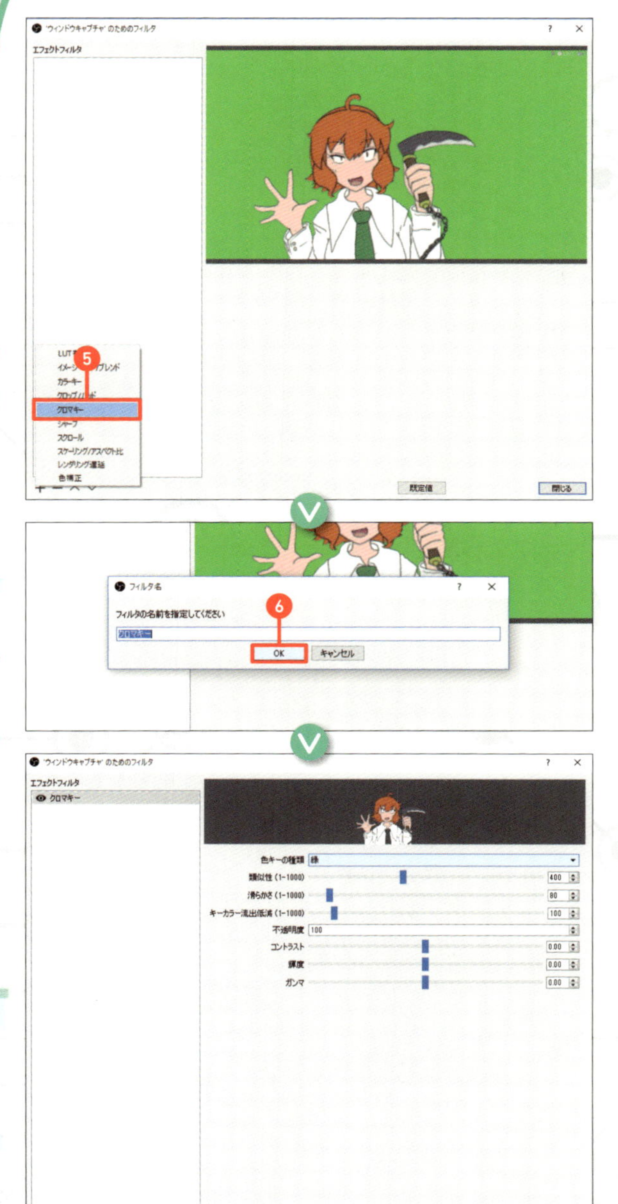

3 表示されるフィルタ効果から「クロマキー」を選択します5。

4 次にフィルタに名前をつけることができる「フィルタ名」ウィンドウが表示されますが、ここはデフォルトのまま「OK」をクリックして問題ありません6。

5 するとキャプチャ上からバックの緑色がなくなりました！ クロマキー合成とはこのように、映像から特定の色を透過することができる技術なのです。

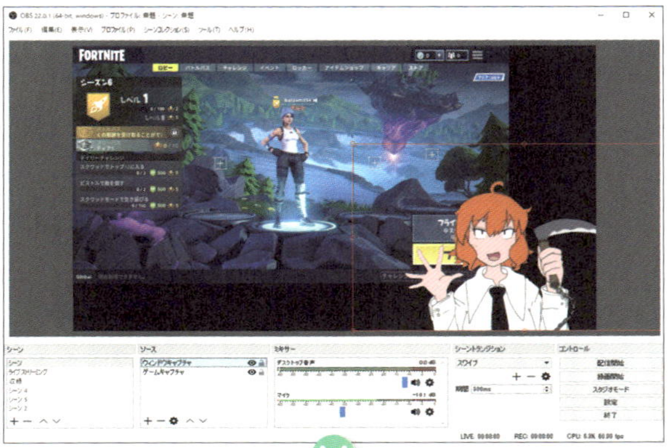

6 これでVTuberらしい配信ができるぞ～！　と最初の画面に戻ったら……アッ！　ネクタイも透過されちゃった。緑色で塗っていたからですね。トホホ……。ですが、これもクロマキーフィルタの調整でなんとかなります。

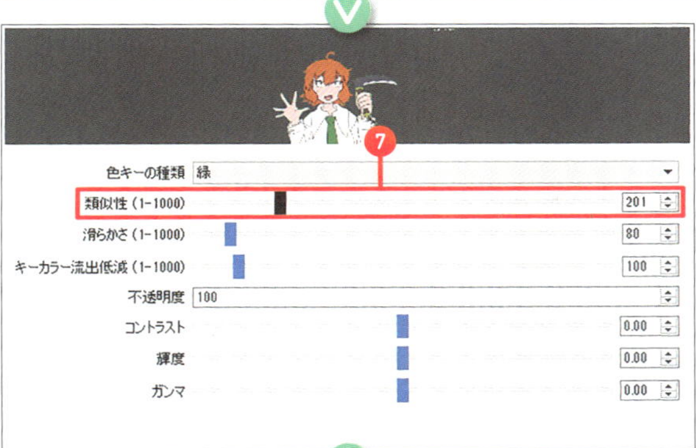

7 クロマキーフィルタの調整を再び開き、「類似性」のスライダーを下げます**7**。上部に表示されているサムネイルを確認しながら、ネクタイの色が正しく表示されるまでスライダーを下げました。

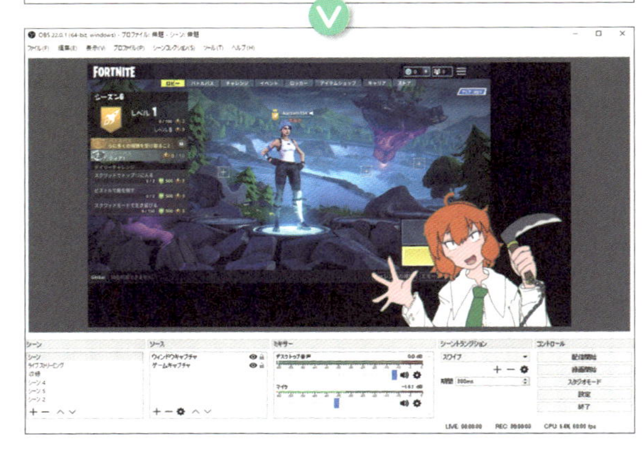

8 調整後。ネクタイが透過されず、正しく表示されました。これであとは生配信するなり録画して編集するなりするだけです！

動画用の映像収録

準備ができたら動画を撮影してみましょう。まずはOBS Studioにおける基本的な収録の流れを確認します。

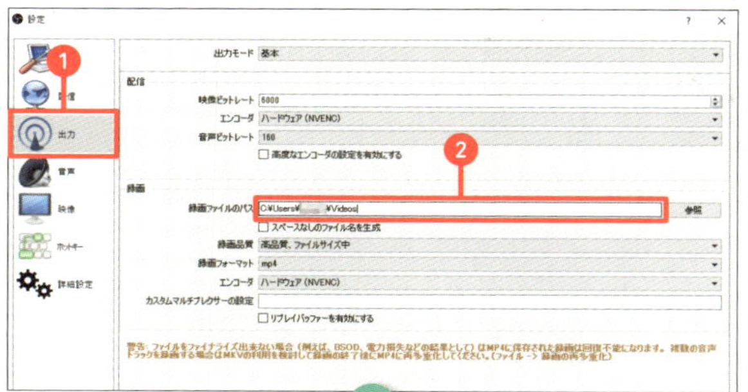

1 最初にOBS Studio画面右下の「設定」の「出力」をクリック❶し、出力されるフォルダーを確認しておきましょう❷。必要に応じて保存場所を変更します。

2 画面右下の「録画開始」をクリック❸すると、収録が始まります。自由にゲームを遊んだりしゃべったりして動画を撮ってみましょう。

3 十分伝えたいことを撮影できたら「録画終了」をクリックします❹。手順1で確認したフォルダーにビデオファイルが生成されます。

とても簡単ですね。基本的な収録方法は以上です。撮影した動画を編集する方法はChapter3で紹介します。

配信をする際に必要な設定

続いて配信についてです。生配信はもちろん、完成した動画を投稿する場合にもYouTubeのアカウントが必要です。

とはいえメールアドレスさえあれば特にアカウントを作るのに難しいことはありません。

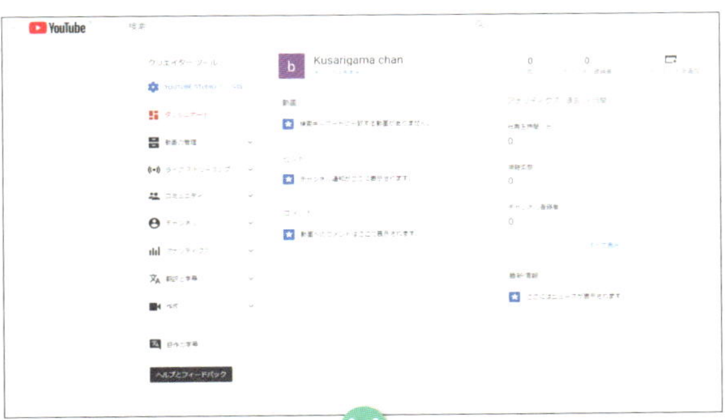

1 「VTuberやってみたいな～」という人ならたいていは持ってますよねアカウント。というわけでここではアカウントの作成は省略します。

アカウントを作ったら、メニューから「クリエイターツール」を選択するとこのような画面が表示されます。

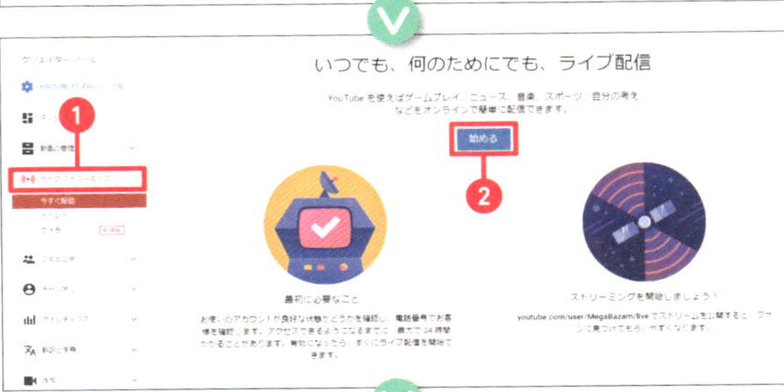

2 YouTubeで配信をするためにはYouTube側でライブストリームの設定をし、ストリームキーを取得する必要があります。クリエイターツールのメニューから「ライブストリーミング」を選択❶し、「始める」をクリックしてください❷。

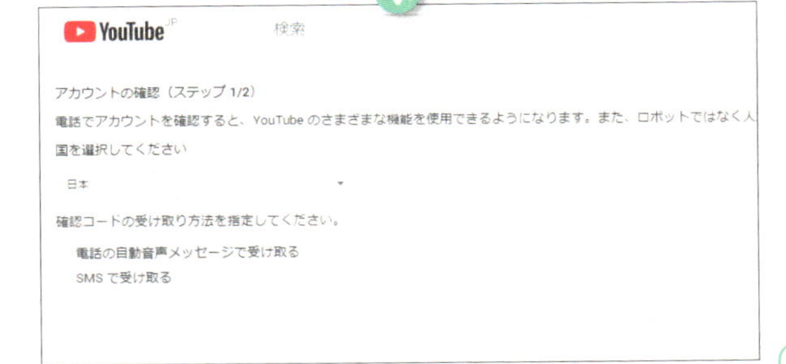

3 するとアカウントの本人確認のための手続きが開始されますので、画面の表示に従って進めてください。

4 本人確認を終えたところ。このあとライブ配信が有効になるまでしばらくかかるので、YouTubeから通知がくるまで気長に待ちましょう。

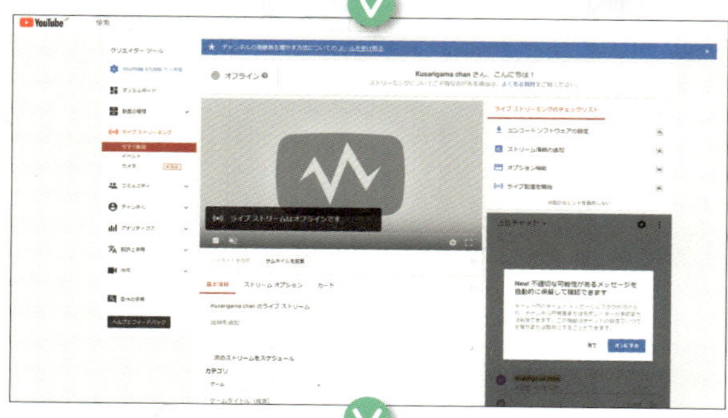

5 24時間ほどたって本人確認が完了すると、「ライブストリーミング」画面がこのように表示されます。ページを下にスクロールすると……

オフライン
Kusarigama chan さん、こんにちは！
ストリーミングについてご不明な点がある場合は、よくある質問をご覧く
ゲームタイトル（推奨）
プライバシー
公開
詳細設定
アナリティクス
エンコーダの設定
0
現在の視聴者数
サーバー URL
rtmp://a.rtmp.youtube.com/live2
ストリーム名 / キー
表示
3

6 「エンコーダの設定」メニューが表示されます。このあと必要になるので［ストリーム名／キー］をコピーしておいてください❸。

ここで24時間待ちが発生することをすっかり忘れてて原稿執筆中に丸一日ぼんやり過ごすハメになった（制作秘話）

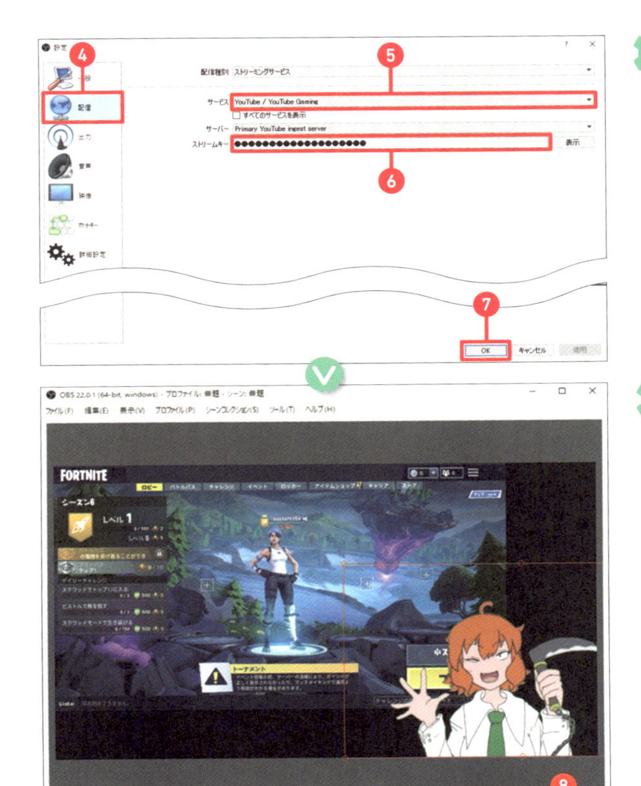

❼ ここでOBS Studioに戻り「設定」画面を開き、「配信」をクリックします❹。「サービス」で「YouTube / YouTube Gaming」を選択し❺、「ストリームキー」に手順6でコピーしたYouTubeの「ストリーム名/キー」をペースト❻。「OK」をクリックすれば❼、配信の設定は完了です。

❽ あとは「配信開始」ボタンを押せば直ちにYouTubeでのライブ配信が開始されます❽。SNSにシェアしたり、「はいど～も！ 今日はですね、○○を遊んでみます～」としゃべってみたり、ライブ感を楽しみましょう。

最低限必要な配信の設定は以上です。お疲れ様でした。

Column 生配信と動画、どちらに挑戦するか？

バーチャルユーチューバーとして動画をやるか、生配信をやるか、難しい問題だよな。

マシーナリーとも子はあんまり生配信やらないでほぼ動画メインなんだけど、なんでかっていうとトーク力が無いからなんだよな。あとそもそも見る側としても編集された動画の方が好きってのもあるんだけど。

ただ、次章でも簡単に説明するけど、動画編集はとにかくめんどくせぇ～んだわ。10分くらいの動画作るのにも6～8時間くらいかかる。いつもは大体2日から4日くらいに分けて編集作業してるかな。ダルいぞ～。

その点、生配信はなんとなく何をやるか構想があれば基本的には動画編集みたいなめんどくささが無いのは魅力だよな。もちろん凝ったことやるには色々前準備や段取りが必要ではあるけど、ただ話すだけ、ならカロリー低くできるよな。あとぶっちゃけた話、生配信の方が再生時間は稼げるしチャンネル登録もしてもらいやすいって長所もある。30人が1時間の配信を見てくれたら30時間だもんな。だから収益化に向けて再生時間を稼ぎたいぜって奴は生配信をやってみてもいいかもな。

なんにせよ色々やってみて、気持ち的に楽だな～とかこっちの方が得した気分になるな～って思った方をやりゃいいんじゃないかな。私は多分これからも動画メインでやっていくと思うぜ。

CHAPTER

03

動画の編集に挑戦しよう

文：マシーナリーとも子

この章では、マシーナリーとも子が動画の基本的な編集方法を紹介します。ツールの導入から動画と背景写真の合成、BGMや字幕の追加といったことができるようになります。

動画を編集する準備をしよう

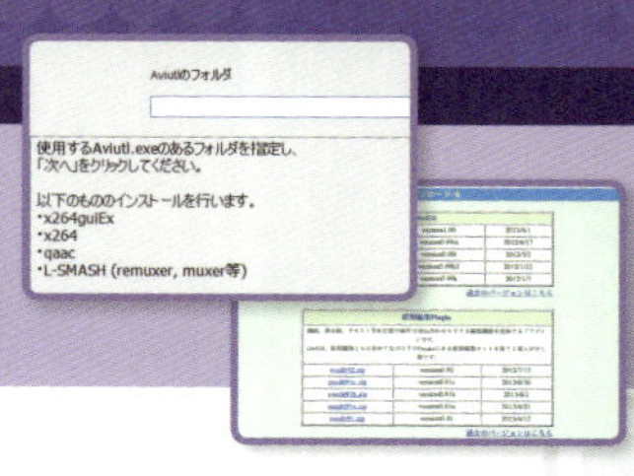

動画をアップロードする場合、「撮って出し」よりは編集を加えたほうがいいでしょう。今回は簡単な短めの動画を編集する過程を通して、編集の方法を紹介します。

AviUtlの導入

動画編集用のフリーソフトとして長く愛されている「AviUtl」は、無料のソフトながら多様な編集ができます。

AviUtl単体では動画の単純な切り貼り以上の編集は難しいのですが、「拡張編集」を導入することで複数の動画や画像の合成や、エフェクトを加えることができます。

http://spring-fragrance.mints.ne.jp/aviutl/

1 AviUtlのサイトから最新版の「aviutl100.zip」❶と、拡張編集Pluginの「exedit92.zip」をダウンロードしてください❷。

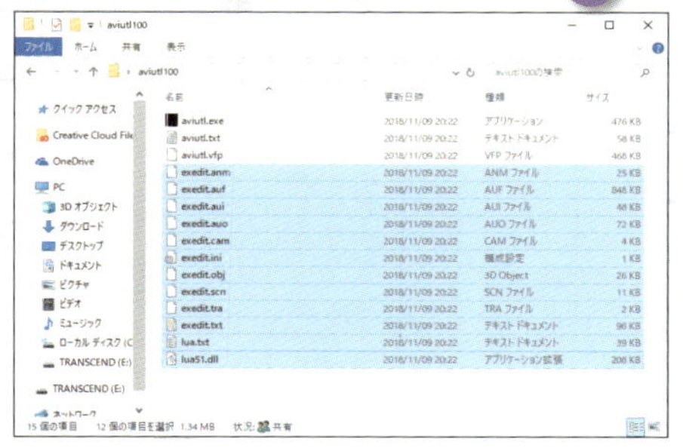

2 それぞれ解凍したら、「拡張編集Plugin」のファイルをすべてAviUtl本体のフォルダーにコピーします。これで拡張編集の導入はOK。

入出力Pluginの導入

続いてAviUtlに入出力プラグインを導入します。デフォルトのままではAVIファイルの入出力やBMPファイルの入力など、特定のファイル形式しか対応していないためです。

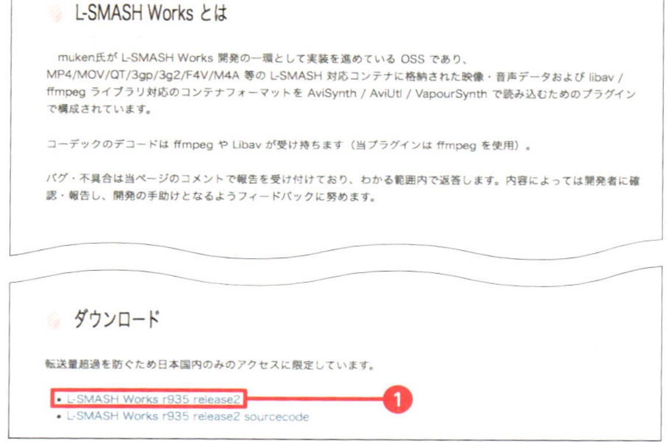

https://pop.4-bit.jp/?page_id=7929

1 まずは入力プラグイン、「L-SMASH Works」を導入します。配布Webサイトを開き、「L-SMASH Works r935 release2」をクリックしてダウンロードしてください❶。

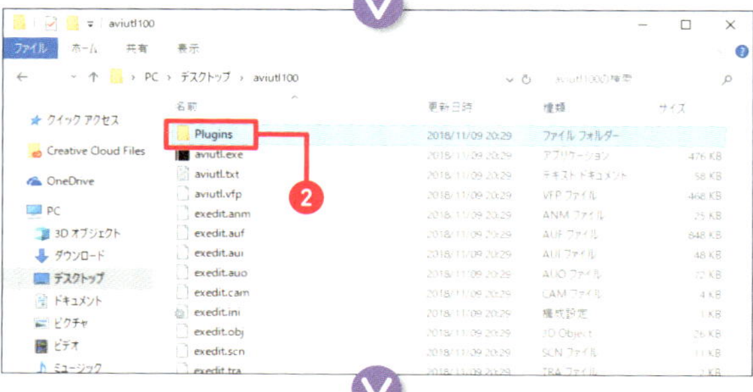

2 次にAviUtl本体が収められているフォルダー内に「Plugins」という名前のフォルダーを作り❷、手順1でダウンロードした「L-SMASH Works」のファイルをすべて入れます。これで「L-SMASH Works」の導入は完了。mp4などのファイルをAviUtlで読み込めるようになりました。

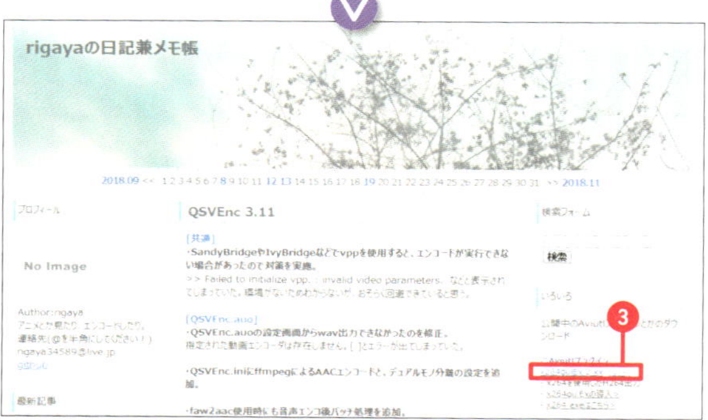

https://rigaya34589.blog.fc2.com/blog-category-5.html

3 続いて出力プラグイン「x264guiEx」をダウンロードします。

配布Webサイトの右のメニュー、「○AviUtlプラグイン」から「x264guiEx 2.xx」のリンクをクリック❸し、ダウンロードしてください。

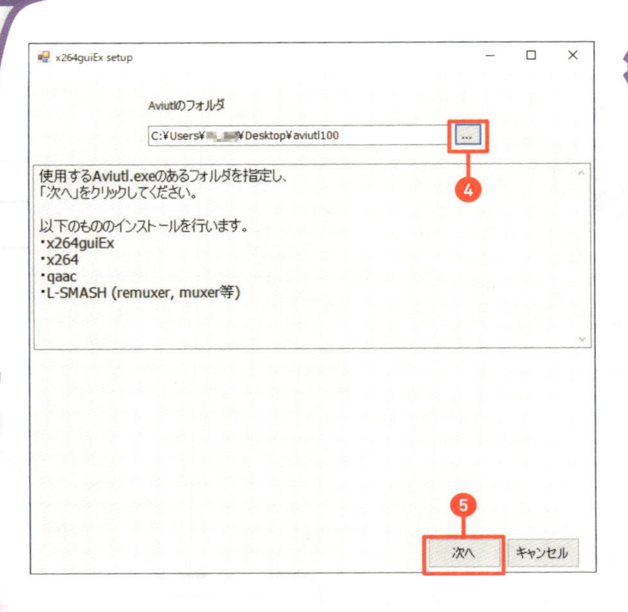

4 解凍したフォルダーから「auo_setup.exe」を実行してAviUtl本体が入っているフォルダーを指定します❹。「次へ」をクリック❺すれば、「x264guiEx」が導入できます。これでmp4動画の出力も可能になりました！

　ということで導入についての作業は以上です。続いてはいよいよ実際の作業に入っていきます。

脚本を書く

動画を作る前には（もちろん、配信をする際にもですが）、ざっくりと脚本みたいなものを作っておいたほうがいいでしょう。脚本といっても「どんなことをしゃべろうかな」という一覧のようなものをメモ帳で書いておくだけでも構いません。

脚本.txt - メモ帳

ファイル(F)　編集(E)　書式(O)　表示(V)　ヘルプ(H)

やっほ～
鎖鎌ちゃんだよ

鎖鎌ちゃんはねえ
その名のごとく
鎖鎌が武器なんだよ！

まぁ、ちょっと見ててね

……………

ね？　すごいでしょ　鎖鎌
これで日夜サイボーグを倒し続けてるんだよ

ただ　サイボーグ倒してもお金は稼げないから
ちょっち今生活が厳しいんだよね～

これからチマチマ動画を上げていこうと思うから
鎖鎌について気になることがある人は
チャンネル登録していってね
スパチャが解禁されたらナマ鎖鎌配信もするからさ　ヘヘヘ

それじゃあ自己紹介はこんなところかな
次回は　鎖鎌で料理を作るよ！
それじゃあね！　バイバイ！

1 今回はテキトーに自己紹介的なものを作ってみました（本当にテキトーだな）。

いつも本編よりも
挨拶考えるのに
時間取られるんだよな……

「声」を編集しよう

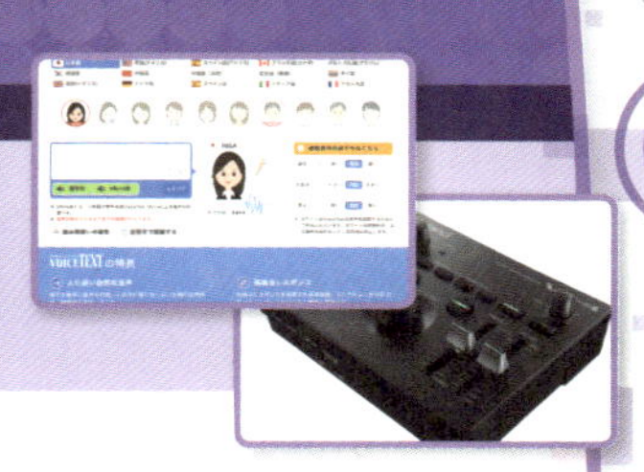

ここからは、VTuberを構成する要素のひとつ、「声」について紹介します。地声を出さずにしゃべらせる方法も。

声はどうするか？

さて、収録にあたってVTuberとしての外見はできた。配信・録画ソフトも用意した。お話もイメージできた。さあ収録だ！　というところで襲いかかるのが「声、どうしよう？」という悩みです。対処法としてはいくつかのパターンがあるので、簡単に述べてみましょう。

・そのままの声でやる

特に声を変えずに地声そのままでやるのが一番手っ取り早いでしょう。

　見た目は美少女で声はおっさん、というタイプのVTuberもたくさんいらっしゃるので、あなたが本当はおっさんだとしても気に病む必要はありません。自分の声が嫌いだとしたら厳しいかもしれませんが……。

・声を加工する

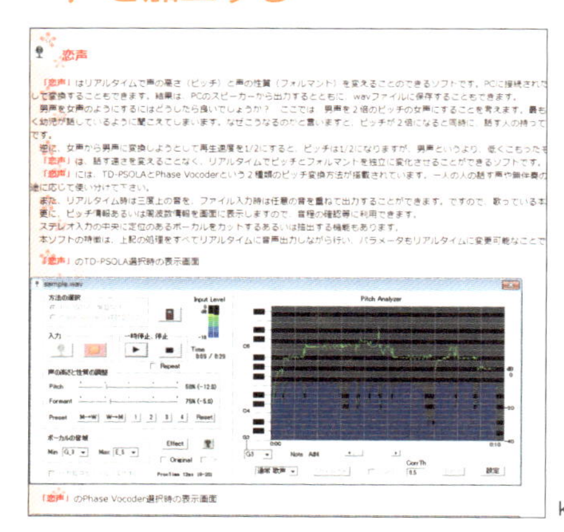

恋声
http://www.geocities.jp/moe_koigoe/koigoe/koigoe.html

ボイスチェンジャーを用いて、自分の声質を異なるものに変えてしまうという手です。有名で手軽なものではフリーソフトの「恋声」というものがありますね。

　リアルタイムに男声を女声に変えたり、その逆も簡単にできます。

• ハードウェアボイスチェンジャーを使う

Roland「VT-4」
実勢価格：2万5920円

ちょっとお値段は張りますが、ハードウェアボイスチェンジャーを使う手もありますね。

とはいえこうしたボイスチェンジャーもソフトやハードの使い方、声の出し方には慣れが必要ですし、そもそも声質がボイスチェンジャーに向いてない、などなど使いこなすまでにはさまざまな障壁があります。試してみた結果ボイスチェンジャーもしっくり来なかった！ 地声もイヤだ！ でもVTuberはやりたい！ そんなこともあるでしょう。そんなときは……

• 読み上げソフトを使う

VoiceText
http://voicetext.jp

テキストを読み上げてくれるソフトを使う方法もあります。「VOICEROID」や「Text to Speech」、「VoiceText」、「SofTalk」などですね。

VTuberよりもどちらかというとニコニコ動画などでの実況、RTA動画やインターネット老人会的には「ゴルゴFLASH」などで用いられた方法ですね。もっとも手軽ですが、どうしても機械的な表現にはなってしまうほか、生でしゃべってるわけではないのでやはり勢いに欠けるという欠点はあります。

……え？ マシーナリーとも子はどうしてるかって？ そりゃあマシーナリーとも子はマシーナリーとも子自身の声に決まってるじゃないですか。当たり前ですよ。

まあ今回の鎖鎌ちゃんについては読み上げソフト「SofTalk」を使って、それに合わせてカメラの前でパクパク表情を作ってみましょうか。

読み上げソフト「SofTalk」を使ってみる

さまざまな読み上げソフトがありますが、なかでも「SofTalk」はシンプルで使いやすい読み上げソフトです。さっそく使っていきましょう。

https://www35.atwiki.jp/softalk/pages/15.html

1 「最新バージョン」をクリック❶し、「SofTalk」をダウンロードします。

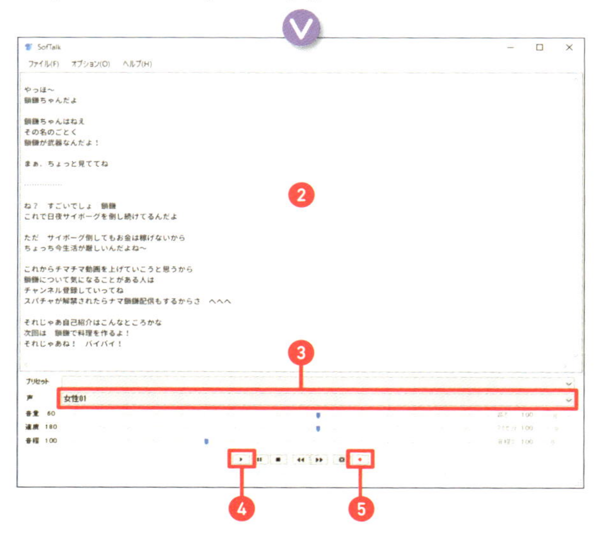

2 上部のテキストエリアにキャラクターのセリフを入力します❷。

「声」からお好みの声を選びつつ❸、「再生」で読み上げを行えます❹。

収録時に再生しながら、合わせてFaceRig上の鎖鎌ちゃんの口が動くようにカメラ前で演技をします。

また、右下の「録音」をクリック❺すれば、別途wavファイルとして保存することもできます。

テキストを特定の声質で再生させる

テキストの条件登録と正規表現を組み合わせることで、いちいち声質を調整しなくても、自動的にソフト側に声質を使い分けさせることができます。

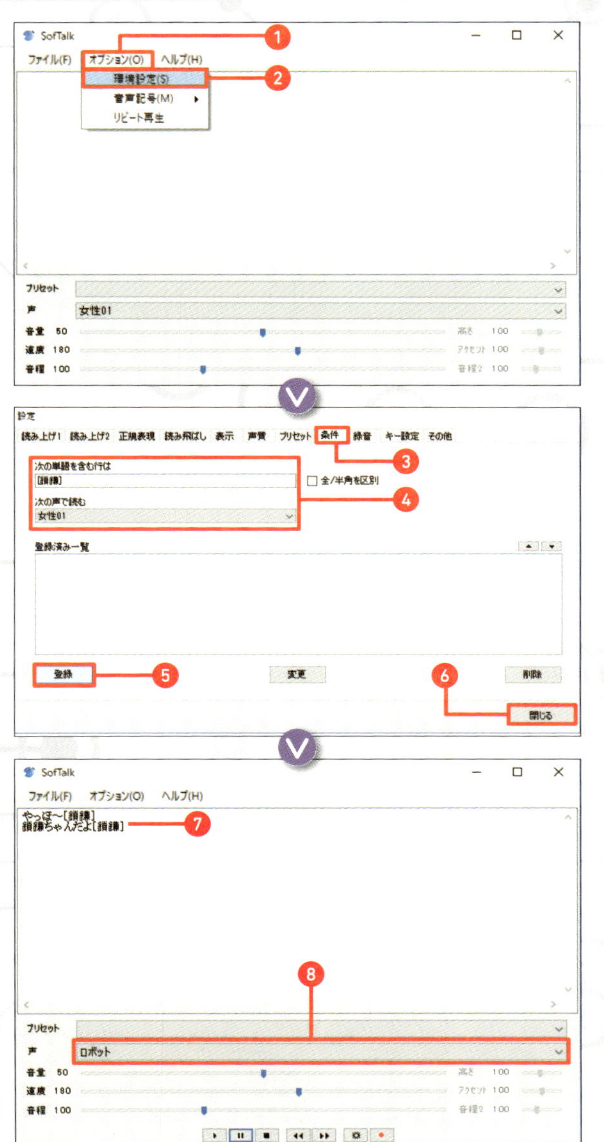

1 オプションをクリック❶し、「環境設定」をクリックします❷。

2 「条件」タブを選択すると❸、特定の単語を含む行に特定の声を割り当てることができるメニューが表示されます。今回は[鎖鎌]という単語が含まれた行を「女性01」の声で読むよう設定してみます❹。「登録」をクリック❺し、「閉じる」をクリックします❻。

3 入力時はこのように、行の最後に指定した単語を入れておけばOK❼。試しに、声を「ロボット」に設定した状態❽で、再生してみましょう。

……どうですか？「女性01」の声で読んでくれたでしょう！ただしこのままでは[鎖鎌]の部分もセリフだと認識して「やっほ～ クサリガマ 鎖鎌ちゃんだよ クサリガマ」と読み上げてしまいます。これでは都合が悪いので文末の[鎖鎌]を読み上げないよう除外設定をしましょう。

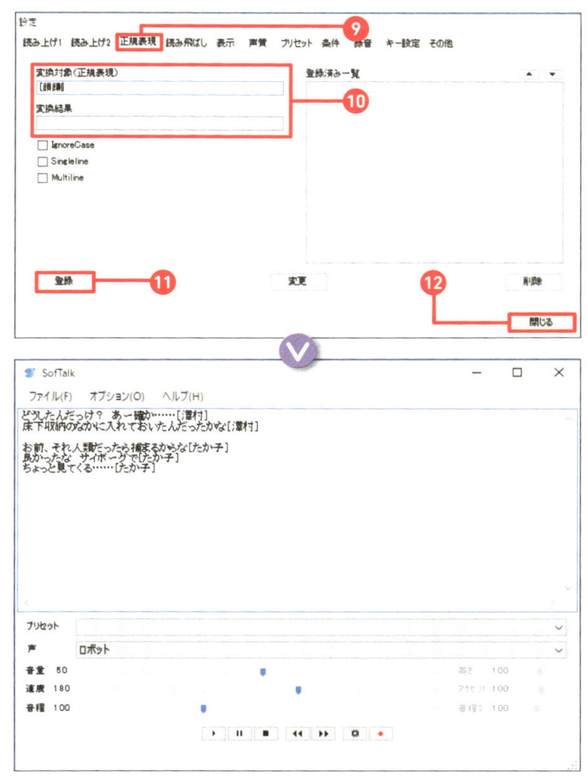

手順１と同様に「設定」画面を開き、「正規表現」タブを開き❾、変換対象に［鎖鎌］と入力します❿。「登録」⓫→「閉じる」をクリック⓬。

これで［鎖鎌］という単語は読み上げから除外されました。もちろんカッコを除いた、ただの"鎖鎌"という単語はきちんと読んでくれます。この状態でさきほどと同じテキストを再生してみましょう。うまい具合に読み上げてくれるはずです。

この読み上げ登録を使うと、例えば複数のキャラクター同士に会話をさせることもできます。

あ、もちろんマシーナリーとも子の動画に登場するサイボーグはこんなソフトは使わずにみんなでマイクを使ってしゃべってますよ……。今回は例として使っているだけで……はい。

マシーナリーとも子 第35話より

SCENE 03

動画の基本的な編集方法を知ろう

ここから、OBS Studioで収録した動画を、AviUtlを使って編集していきます。動画と背景画像を合成することもできるようになります。

動画を収録する

動画の編集に入る前に、まずは編集する動画を収録します。収録にはOBS Studioを使います(収録の方法はChapter2-6参照)。

1 Chapter2では、OBS Studioに用意されている「クロマキー合成」機能を使い、Live2Dの画面とゲーム画面を合成しました。

ここではAviUtlの画面上で合成していくので、OBS Studioでのクロマキーフィルタは使わずそのまま撮影しました。

チャットツールとか通知音がするソフトは切っておけよ。
雑音が入っちゃうからな……。
私はめんどくさいから
そのままイキにしちゃうけど

AviUtlで新規プロジェクトを作成する

ではAviUtlでの編集に移ります。最初に編集の土台となる「新規プロジェクト」を作成していきましょう。

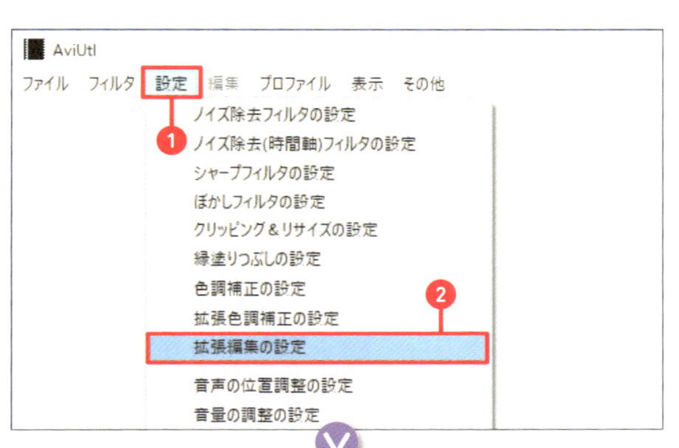

1 AviUtlを起動したら、まずは「設定」をクリック❶し、「拡張編集の設定」をクリックします❷。

2 するとこのように、レイヤー分けされたタイムラインが現れます。ライムライン上で右クリックしましょう❸。

3 表示されるメニューの中から「新規プロジェクトの作成」をクリック❹。

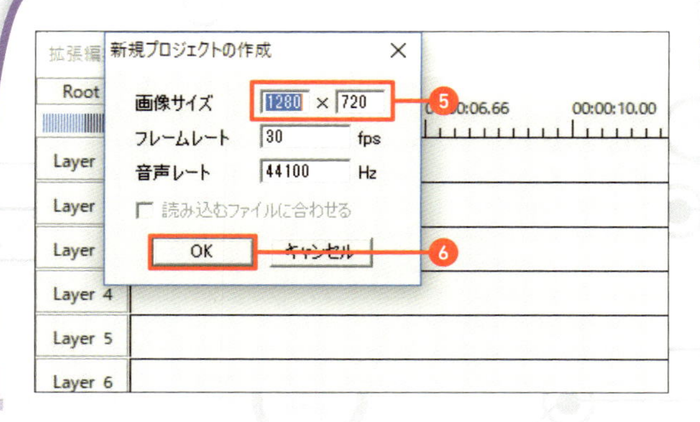

4 「新規プロジェクトの作成」ウィンドウが表示されます。画像サイズは収録した映像に合わせて、「1280×720」に設定しました❺。続いて「OK」をクリックします❻。

これで新規プロジェクトの作成が完了しました。ではいよいよ実作業に入っていきます。

収録した動画と音声を読み込む

作成した新規プロジェクトに、収録した動画を読み込みます。このとき、動画とは別に音声を読み込む必要があります。

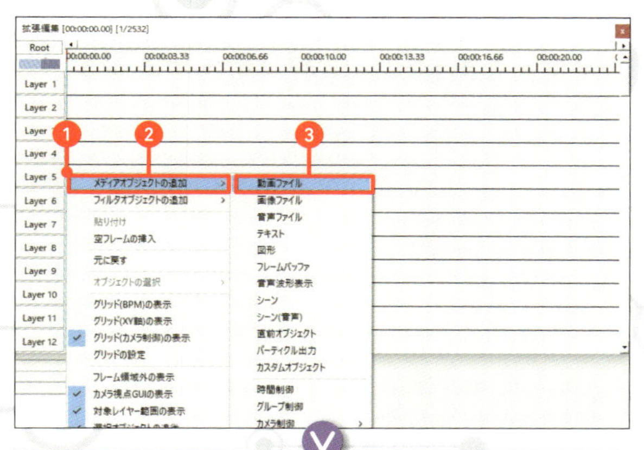

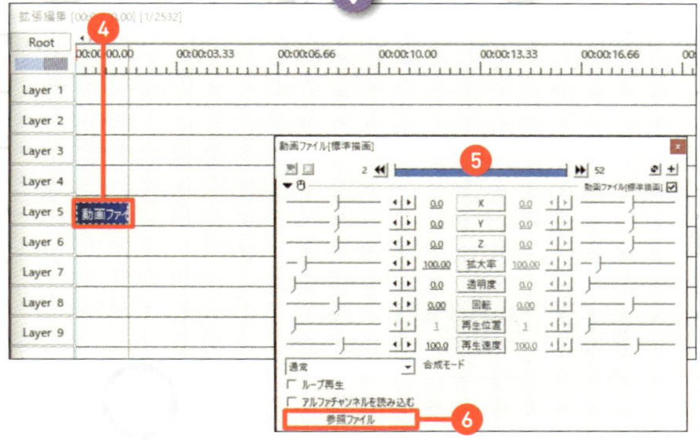

1 まず、先ほどFaceRigとOBS Studioで収録した動画を読み込んでみましょう。

タイムライン上の、動画を追加したいレイヤー上で右クリックします。今回は動画の下にもいろいろ背景などを置く可能性を考慮して「Layer 5」に追加してみます❶。レイヤーの構造は「Layer 1」がいちばん下となり、数字が増えるほど上の階層になります。

右クリックメニューから「メディアオブジェクトの追加」❷→「動画ファイル」を選択❸。

2 すると「拡張編集」ウィンドウの「Layer 5」の横に「動画ファイル」のバーが表示され❹、新たに「動画ファイル」の設定ウィンドウが表示されました❺。編集は主にこの「拡張編集」ウィンドウと「動画ファイル」ウィンドウを操作していくことになります。

次に「動画ファイル」ウィンドウの左下の「参照ファイル」をクリック❻し、収録した動画を開きます。

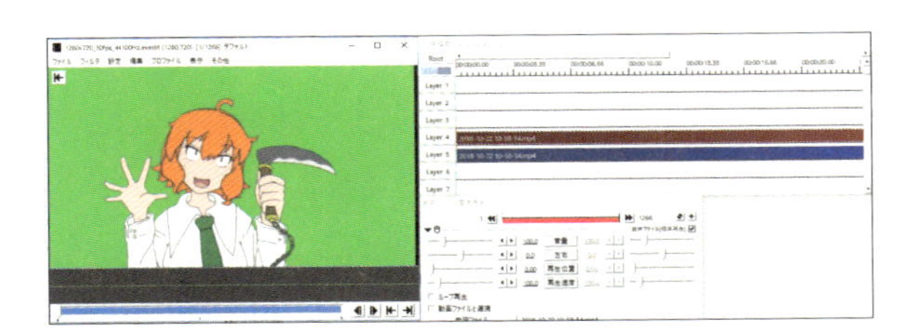

3 読み込み終えたところ。きちんと動画と音声が読み込まれているか、再生してみましょう。

編集中の動画を再生する（1）

編集中、思った通りに編集できているか気になりますよね。AviUtlでは２種類の再生方法があるので、使いやすいほうで再生しましょう。

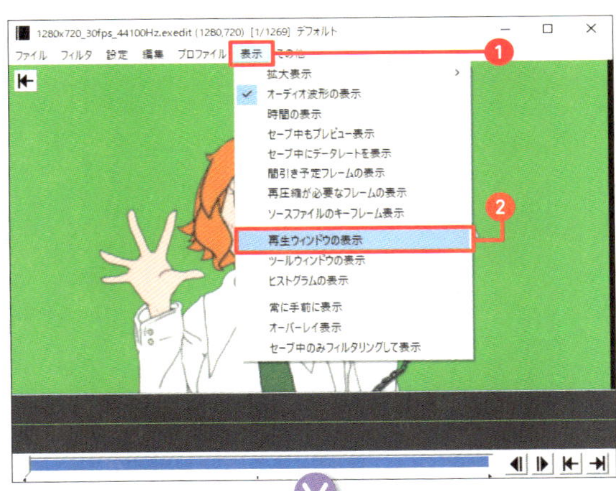

1 AviUtl上で編集中の動画を再生する方法の１つ目は、「再生ウィンドウ」から再生する方法です。
　メインウィンドウの「表示」をクリック❶し、「再生ウィンドウの表示」を選択❷。

2 このように、簡単な再生プレイヤーが表示されるので再生ボタンで編集した内容を確認できます❸。

編集中の動画を再生する（2）

1 もう1つの方法はAviUtlのメインウィンドウ上で再生する方法です。
「ファイル」をクリック❶し、「環境設定」❷→「システムの設定」❸をクリック。

2 すると「システムの設定」ウィンドウが表示されるので、「再生ウィンドウの動画再生をメインウィンドウに表示する」にチェック❹を入れ、「OK」をクリック❺。

3 設定した内容はAviUtlの再起動後に有効になります。一度「ファイル」をクリック❻し、「編集プロジェクトの保存」をしてAviUtlを終了します❼。

4 AviUtlを再起動して編集プロジェクトを読み込んだところ。右下に再生ボタンが追加されているのがおわかりでしょうか❽。

ここを押せばメインウィンドウでも編集中の動画を再生して確認することができます。私は個人的に再生ウィンドウよりもこっちのが手軽に確認できるので好きですね。

動画の背景を透過させる

続いて動画の背景を透過させてみましょう。今回はOBS StudioではなくAviUtlの機能で背景を透過させていきます。

1 タイムラインから「動画ファイル」ウィンドウの右上の「+」をクリックします❶。

2 するとこんなカンジにズラっと映像に加える効果のリストが出てくるので、「クロマキー」を選択します❷。

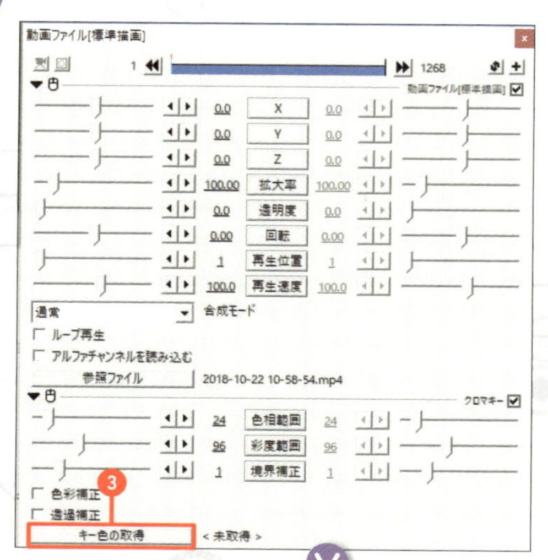

3 「動画ファイル」ウィンドウ下部にクロマキーの設定項目が表示されるので、「キー色の取得」をクリックしてください❸。

4 この状態で画面をクリックすると、その色を透過してくれます。背景の緑色をクリックしましょう❹。

5 透過されました！
……ってまたネクタイも透過されちゃってる～！ 調整しましょう。

❻ 今回はクロマキーの設定項目の「色相範囲」スライダーを下げて対応しました❺。

キャラクターの色合いによって変わってくるので画面を見ながら適当に試してみてください！

収録した動画と背景を合成する

❶ さて、動画の背景を透過できたので、次はなにか適当な背景を合成してあげたいところです。

なんでもいいのですが今回は公園の写真を持ってきてみました。この写真を背景として合成します。

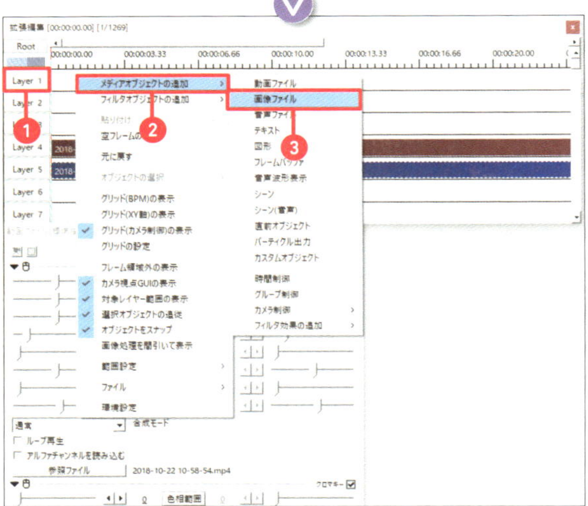

❷ 拡張編集ウィンドウの「Layer 1」にカーソルを合わせ❶、「メディアオブジェクトの追加」をクリック❷して「画像ファイル」を選びます❸。

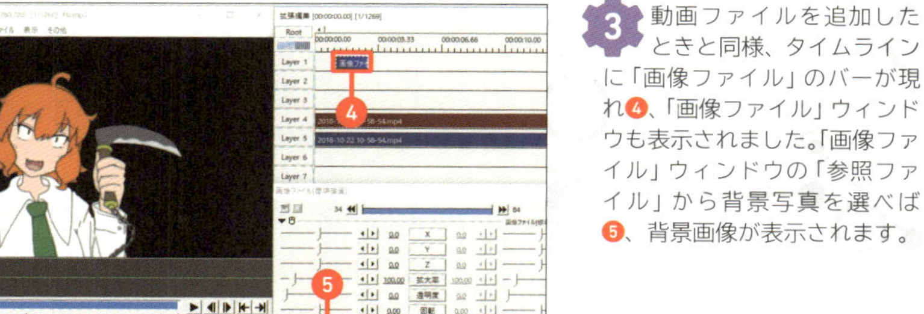

3 動画ファイルを追加したときと同様、タイムラインに「画像ファイル」のバーが現れ❹、「画像ファイル」ウィンドウも表示されました。「画像ファイル」ウィンドウの「参照ファイル」から背景写真を選べば❺、背景画像が表示されます。

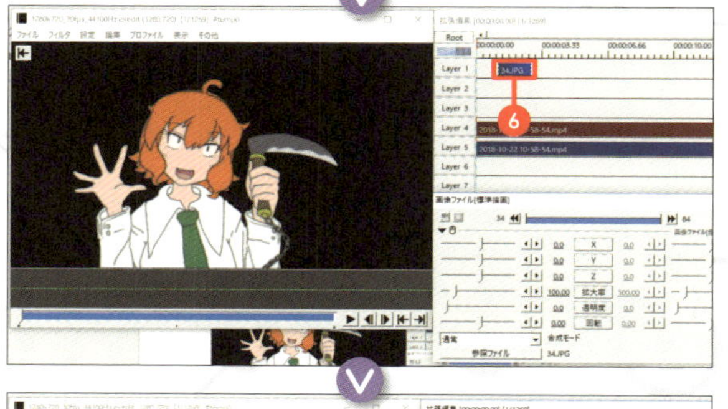

4 しかし、ファイルを選択しても背景が表示されません。なぜだ?! と思うかもしれませんが、タイムラインの「Layer 1」を見てください。背景画像である「34.JPG」のバーが中途半端な位置に置かれていることがおわかりでしょうか❻。現在、選択しているフレームは「0秒」の位置なのに「34.JPG」は0秒の位置に置かれていないため、このような表示になってしまっているのです。

5 ここで、「34.JPG」画像ファイルのバーをドラッグして0秒の位置まで持ってくる❼と、無事に背景が表示されました❽。

6 また、この状態では1秒ちょっとしか背景が表示されないので、画像ファイルの右端をドラッグして尺を伸ばしておきましょう**9**。

7 また、背景画像の大きさが画面に対して少し小さく、端が切れてしまっているので画面に合わせて拡大してみましょう。

背景画像のファイルの「画像ファイル」ウィンドウから「拡大率」の数字を選択します**10**。

8 「110」と入力します**11**。これで背景画像の拡大率が100%から110%になり、画面いっぱいに表示されました。背景画像の合成はこれで完了です。

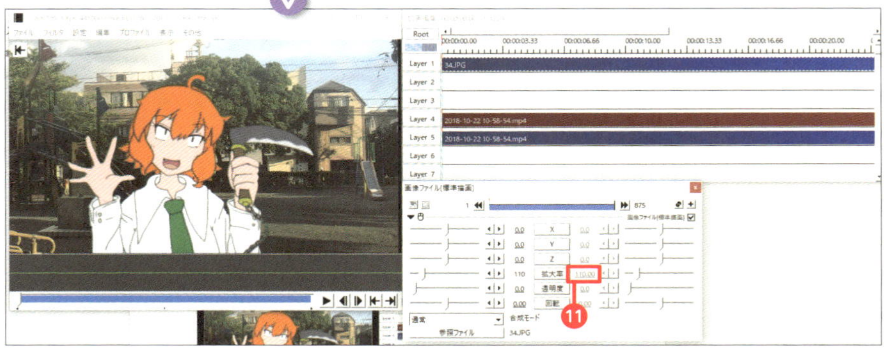

BGMや字幕を付けてみよう

ただしゃべっているだけというのも寂しいので、BGMや字幕を追加してみましょう。

BGMを追加する

BGMは無料で使えるものも多くあります。動画に合わせたBGMをダウンロードして使ってみましょう。

オーディオライブラリ

無料の音楽　効果音

プロジェクトに使える無料の音楽を検索し、ダウンロードできます。

トラック				
Swing Theory	NEW	4:29	Freedom Trail Studio	ジャズ、ブルース｜インスピレー…
My Train's A Comin'	NEW	7:34	Unicorn Heads	ロック｜ドラマチック
Tired of Waking You Up	NEW	3:02	Freedom Trail Studio	R&Bとソウル｜ファンキー
Rain On The Parade	NEW	4:27	Freedom Trail Studio	アンビエント｜穏
River Changes	NEW	4:45	Freedom Trail Studio	ジャズ、ブルース｜明るい
Final Reckoning	NEW	1:25	Asher Fulero	クラシック｜悲しい
Eternal Structures	NEW	2:14	Asher Fulero	アンビエント｜インスピレーション
Web Weaver's Dance	NEW	3:35	Asher Fulero	クラシック｜ドラマチック
Aurora Borealis Expedition	NEW	2:51	Asher Fulero	クラシック｜穏
Walking in Line	NEW	3:55	Freedom Trail Studio	レゲエ｜幸せ

https://www.youtube.com/audiolibrary/music

1 今回は、無料で利用できるYouTubeの「オーディオライブラリ」から適当なBGMをダウンロードして使ってみます。

2 BGMをダウンロードしたら適当なレイヤー（今回はLayer 2）上で右クリック❶し、「メディアオブジェクトの追加」❷→「音声ファイル」を選択❸。動画の音声を追加したときと同じ要領で、ダウンロードしたBGMを参照します。

BGMを読み込んだら、再生してみて音量は適切か、セリフが聞き取りづらくないかなどを確認してください。

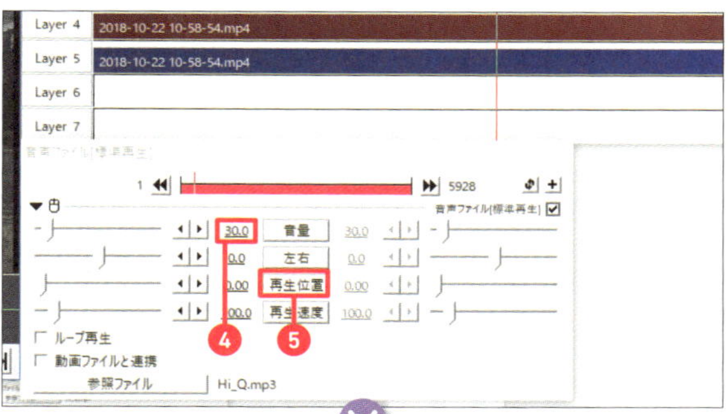

❸ 再生して確認したところ、今回はBGMの音量が大きく感じたので、「音声ファイル」ウィンドウの「音量」を100から30まで落としました❹。また、「音声ファイル」ウィンドウでは「再生位置」を調整する❺ことで、音声が始まるタイミングなども調整可能です。

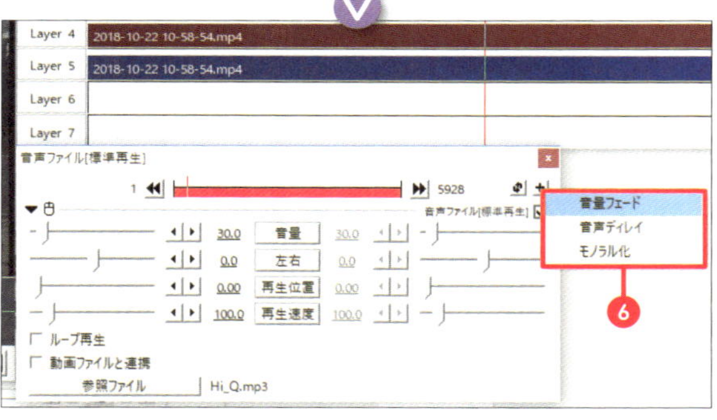

❹ また、今回は使用しませんが「音声ファイル」ウィンドウ右上の「＋」から音声のフェードイン／アウト、音声ディレイなどの効果も付与することが可能です❻。いろいろ操作して遊んでみてください。

字幕を追加する

続いては声に合わせて字幕を追加してみます。字幕があると、見ている人へ動画の内容が伝わりやすくなるだけでなく、音声を再生せず映像だけ見るときにも役立ちます。

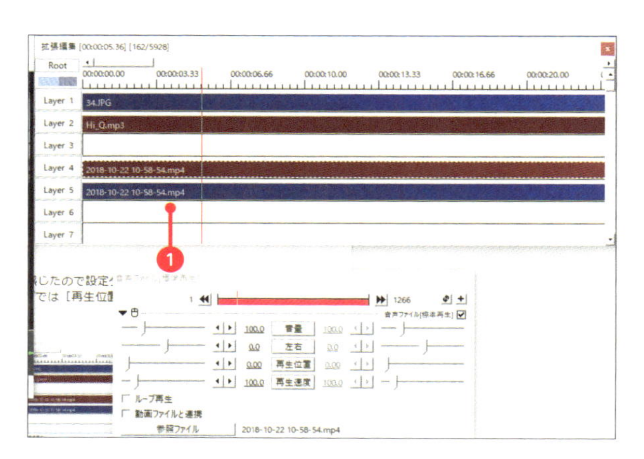

❶ 動画を再生して、しゃべり始めるタイミングを把握します。タイムライン上でちょうどいい位置を探して、動画より上のレイヤー上で右クリック❶。

今回は動画をLayer 5に配置したので、Layer 6に字幕をのせてみます。

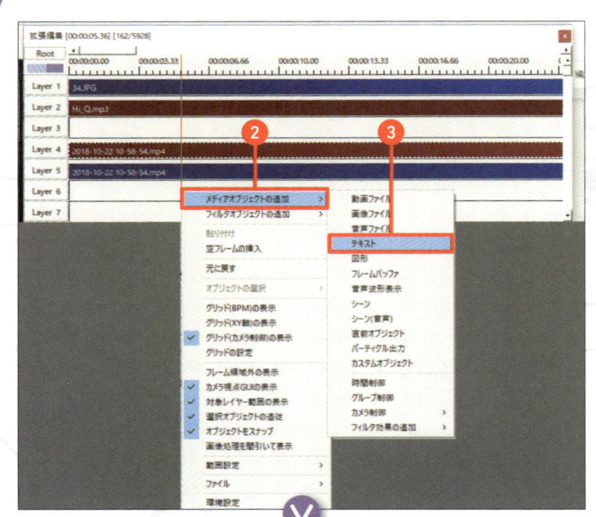

2 「メディアオブジェクトの追加」をクリック❷し、「テキスト」を選択します❸。

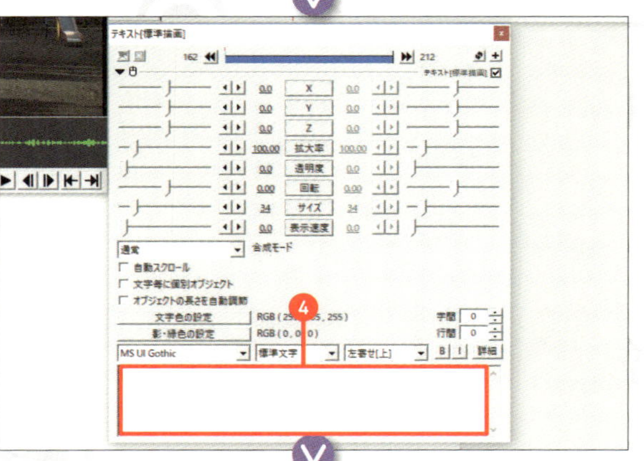

3 すると「テキスト」ウィンドウが表示されます。一番下の白いエリアに入力した文字が、字幕として表示されます。セリフに合わせて入力してみましょう❹。

4 入力したところ。画面中央に小さくテキストが表示されているのがおわかりいただけるでしょうか❺。

字幕に使うフォントもかわいくて個性のあるものを選ぶといいかもな

5 このテキストは画面上でドラッグすることで位置を調整できます❻。ですが、文字は小さいし白いしで、正直かなり読みづらいですね……。設定ダイアログで見やすく調整していきましょう。

字幕を見やすく調整する

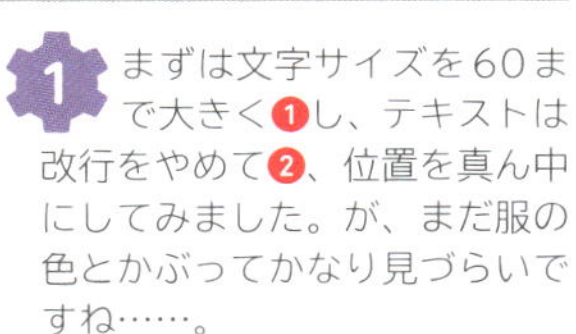

1 まずは文字サイズを60まで大きく❶し、テキストは改行をやめて❷、位置を真ん中にしてみました。が、まだ服の色とかぶってかなり見づらいですね……。

　単純に文字を黒くしてもいいのですが、今回は文字に縁を付けてみます。

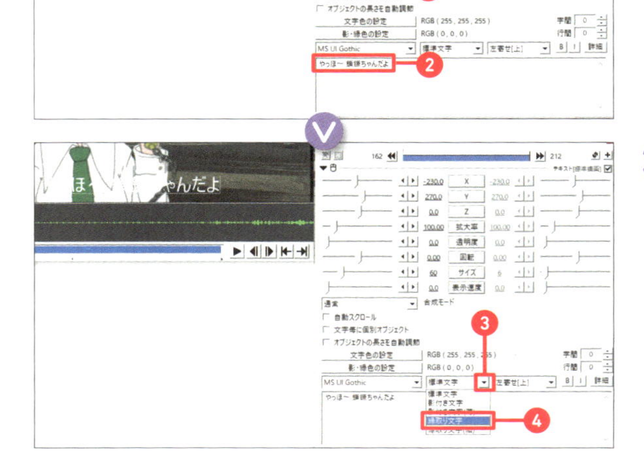

2 「テキスト」ウィンドウのテキストエリアの上、「標準文字」と表示されているプルダウンから文字に縁や影付けを設定することができます。「▼」をクリック❸し、今回は「縁取り文字」を選択❹。

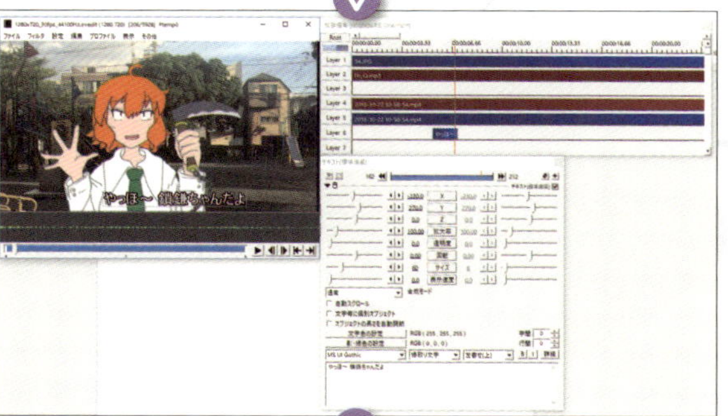

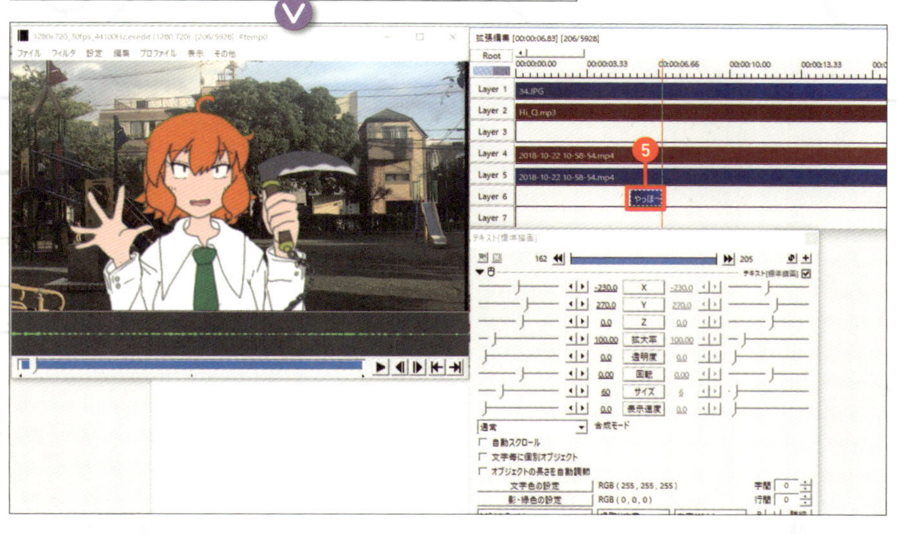

3 縁取り文字を設定したところ。かなり字幕が読みやすくなりました。

4 あとは動画を再生して、セリフをしゃべり終わるタイミングを見極めて……。

5 タイムライン上でテキストが表示されている尺を、ファイルのバーをドラッグすることで伸ばしたり減らしたりして調整すればOKです**5**。

この作業を、字幕を追加したいぶんだけ繰り返します。すべてのセリフを字幕で表現しようとするとかなり面倒ですのでそのあたりは動画や声のスタイルで適宜やってください。

私は基本的にすべてのセリフに字幕を付けていますがめちゃめちゃ面倒です……。

エイリアスを作り簡単に字幕を追加する

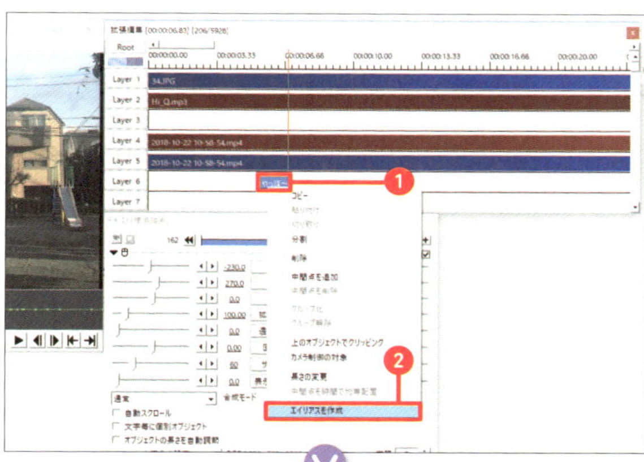

1 また、ここまでで紹介したようなテキストの設定を毎回調整したり、コピペを繰り返したりするのも面倒です。

そんなときは調整したテキストファイルのバーをタイムライン上で右クリック❶し、メニューの「エイリアスの作成」をクリックします❷。

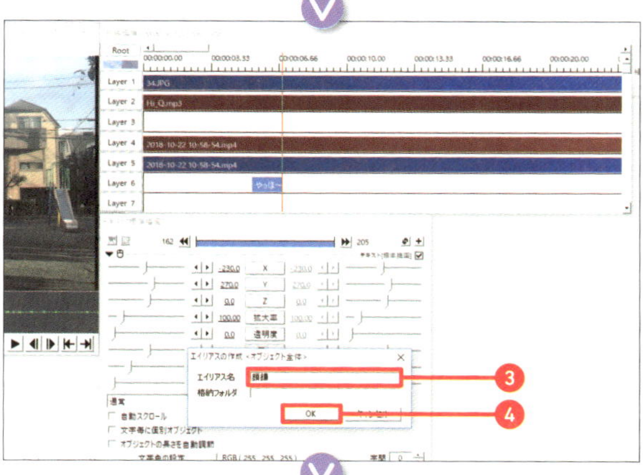

2 エイリアス名を記入するようウィンドウが表示されるので、適当な名前を付け❸て、「OK」をクリックします❹。

3 すると、レイヤーを右クリックすると表示される「メディアオブジェクトの追加」に手順2で付けたエイリアス名が表示されています。これを選択する❺と……、

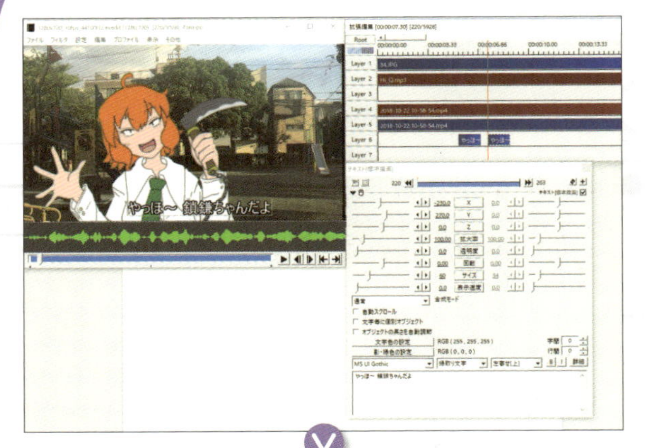

4 設定したテキストのサイズや位置などが保存されています。セリフの字幕などはこのエイリアスの機能を使うとスムーズに行えます。活用していきましょう。

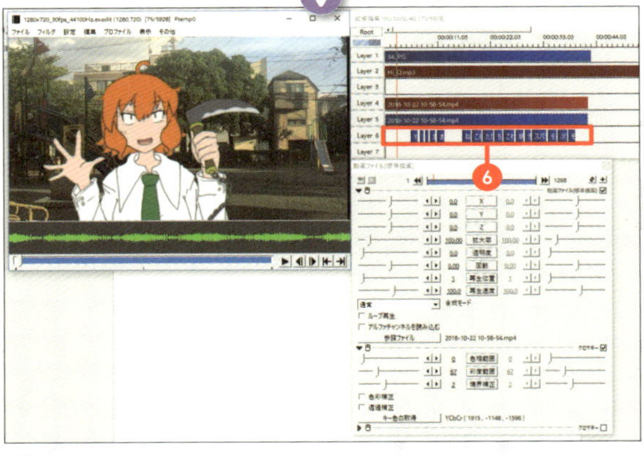

5 一通り字幕を追加しました❻。BGMも付いてるし字幕も付いたし、とりあえずこれで完成でいいのでは？ という気もしますが、せっかくなので次節で映像効果も加えてみようと思います。

タイムラインの縮尺

タイムラインの上部にある青いゲージのようなものはタイムラインの縮尺を表しています。ここを伸ばしたり縮めたりすると、時間に対しての追加したオブジェクトのバーの長さが変わります。

たとえば「テキストが表示される尺を微調整したいけど、ちょっとドラッグしただけで何秒ぶんも変化しちゃって不便だな」というときは、縮尺を大きくすると時間に対してのメディアのバーが長くなり、ドラッグでの尺の微調整がやりやすくなります。反対に尺を大幅に伸ばしたいときなどは縮尺を小さくするといいでしょう。

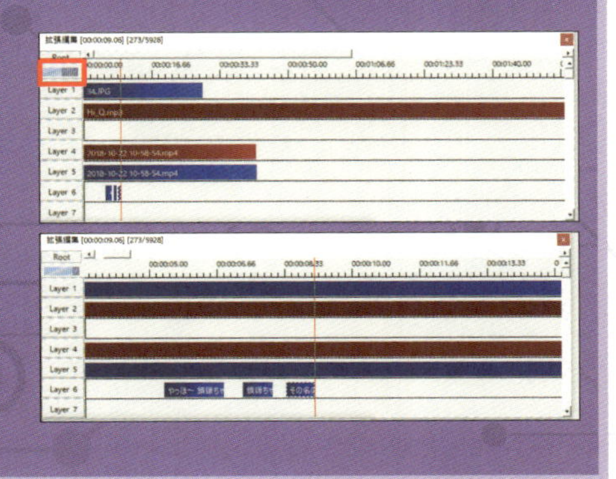

動画に効果を加えよう

基本的な動画の編集ができるようになったら、視聴者にインパクトを与えられるような効果を追加してみましょう。

収録した動画をスライドさせる

今回作った動画では、動画の再生が始まってから鎖鎌ちゃんがしゃべり始めるまで４秒ほどの空いた時間があります。この時間を利用して、鎖鎌ちゃんが画面の外から現れるようにしてみたいと思います。

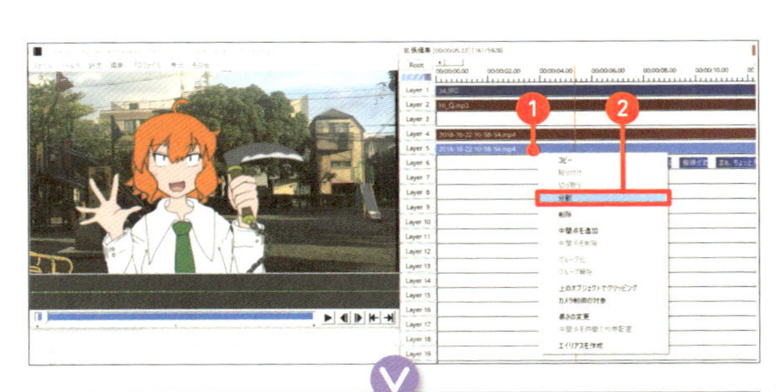

1 まず、タイムラインでしゃべり始める直前のフレームで動画ファイルを右クリック❶し、メニューから「分割」を選びます❷。

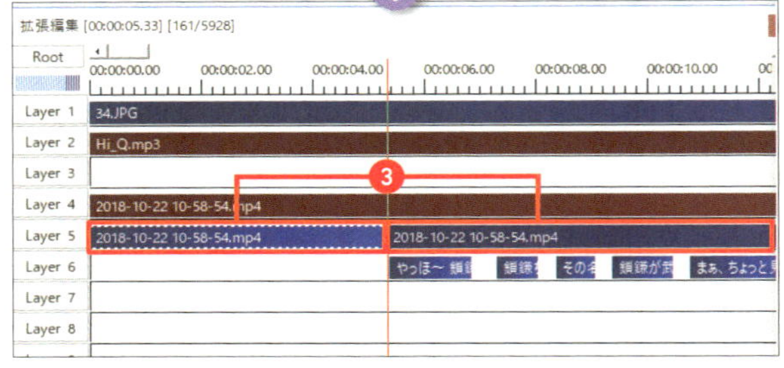

2 このように、選択したフレームを境目に動画ファイルがふたつに分かれます❸。

こうすることで、映像に特定のタイミングでエフェクトや移動などの効果を加えることができるのです。

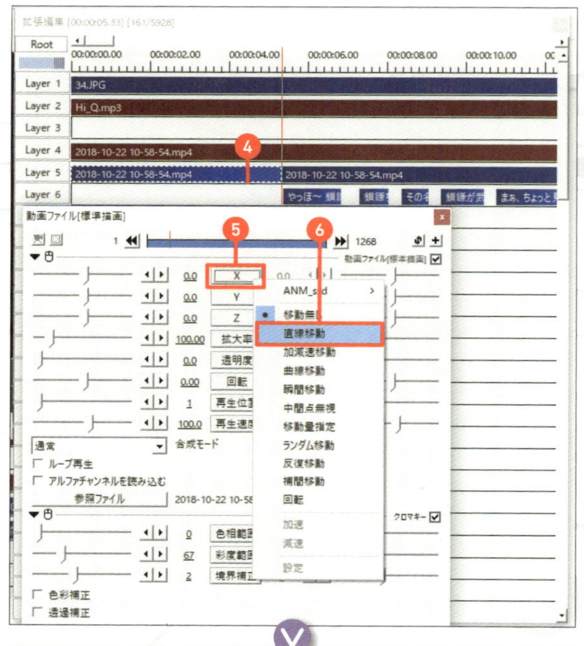

3 では実際に鎖鎌ちゃんの映像をスライドさせてみます。分割した映像ファイルの左側を選択❹し、「動画ファイル」ウィンドウの「X」をクリックします❺。「X」はオブジェクトのX座標……つまり平行の座標を意味します。「直線移動」を選ぶ❻と、オブジェクトがスライドするような動きを表現することができます。

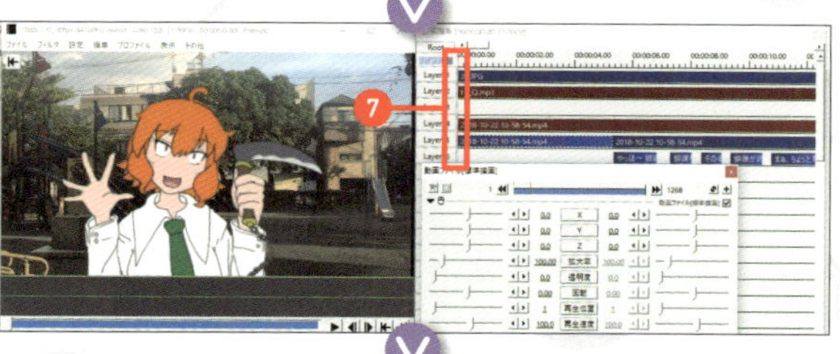

4 タイムラインの0秒のフレームを選択します❼。

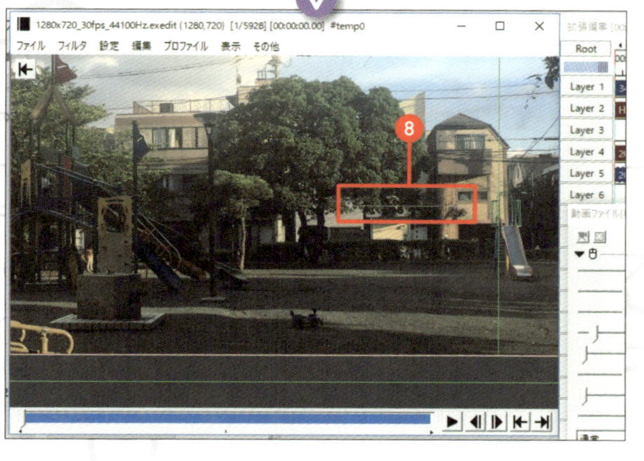

5 鎖鎌ちゃんを画面の外にドラッグします。このとき、もともといた位置から白い線が伸びていればOKです❽。この線は「どういう風に直線移動するのか」というルートを示しています。

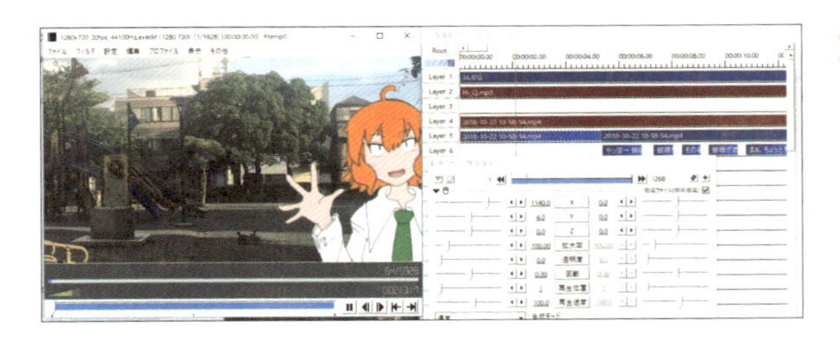

6 確認のため再生してみると、スイーッと右側から鎖鎌ちゃんがスライドして現れてくれるようになりました！　これで完了です。

動きを追加する

今度はちょっとハデな効果を与えてみようと思います。

今回の動画では12秒から16秒のあいだほどに、セリフがない区間を設けておきました。この区間で鎖鎌ちゃんを動かして、鎖鎌の技を披露するような効果を加えてみようと思います。

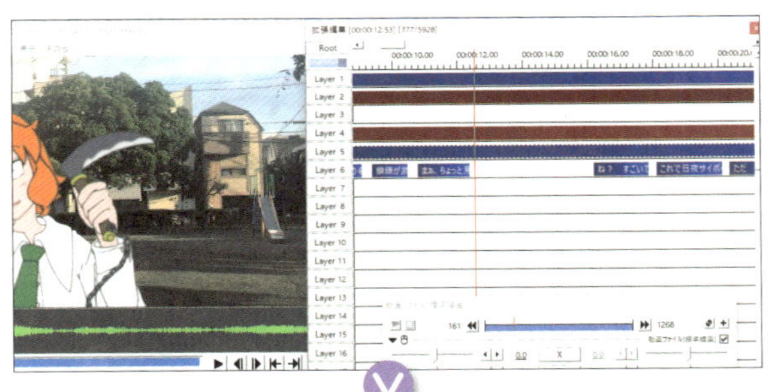

1 今回加える効果は、鎖鎌ちゃんが画面の外に出て→なにやら爆発が起きて→鎖鎌ちゃんが戻ってくるというようなイメージです。

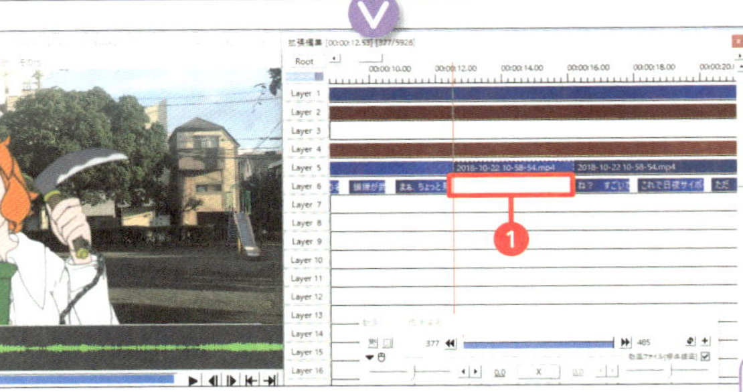

2 まず、効果を加える区間（セリフがない区間）を動画から分割しました❶。

凝ったアニメーションを作らなくても、Live2Dをガクガク動かすだけでなんとなく「何かをやってる風」に見えるんだぜ

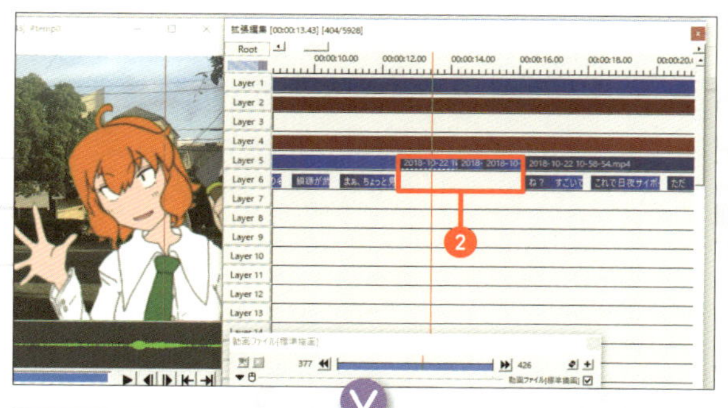

3 分割した区間をさらに3分割しました❷。P.152で紹介した「直線移動」を利用し、まずは「画面の外に出る」動きを付けます。

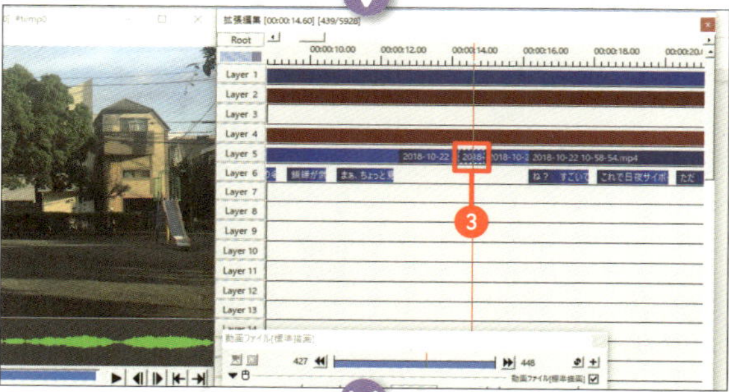

4 次は「画面の外にとどまる」動きを付けました❸。

5 3分割した最後の区間は「もとの位置に戻ってくる」というような動きを付けてみました❹。

効果音を追加する

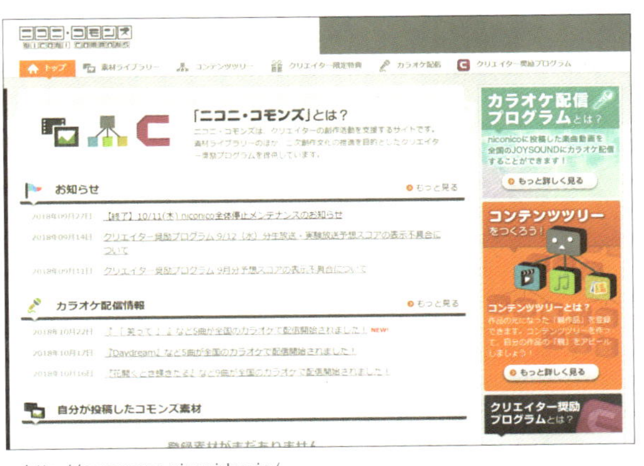

http://commons.nicovideo.jp/

1 次に鎖鎌ちゃんが画面外に出ているときに、爆発のエフェクトと効果音を付けてみようと思います。
　今回は適当な動画・効果音素材を「ニコニ・コモンズ」からダウンロードしました。

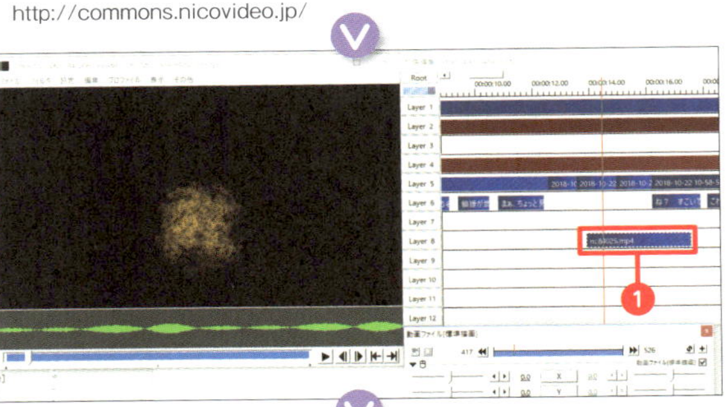

2 ダウンロードした爆発エフェクトの素材を、鎖鎌ちゃんの動画ファイルより上のレイヤーに配置します❶。
　しかし、黒い背景なのでこのままでは画面全体が隠れてしまいます。こんなときは……

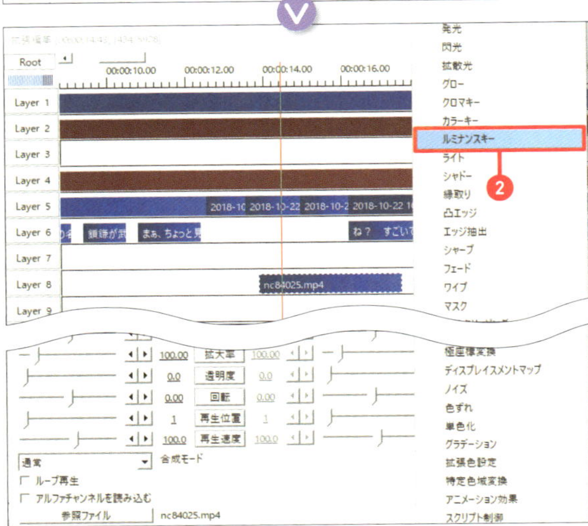

3 爆発エフェクトの「動画ファイル」ウィンドウ右上の「＋」から「ルミナンスキー」を選択します❷。

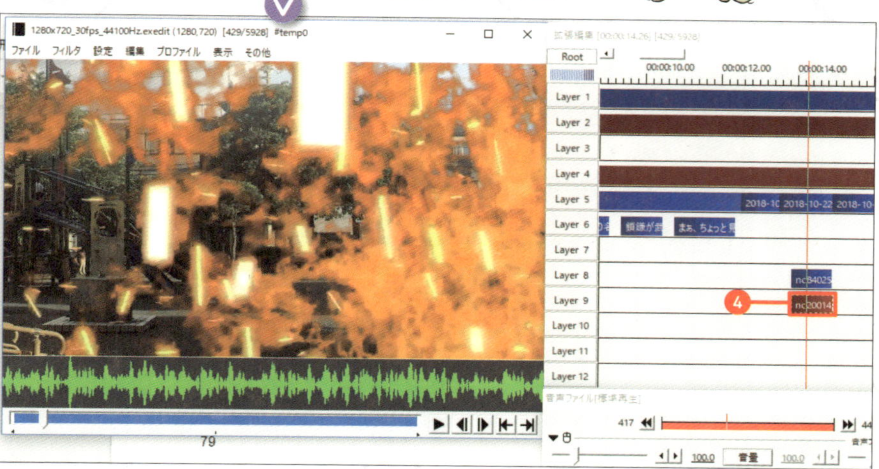

4 いい感じに爆発エフェクトのみを残して透過されました。これでうまく効果が追加できそうですね。

5 鎖鎌ちゃんが消えた位置から画面全体に広がるように位置とサイズを、尺がちょうどよく収まるように再生位置と再生速度を調節❸して……

6 同じように尺を調整した効果音を配置❹すればOK！
もう一度再生して、イメージしていたような動画ができあがったか確認してみましょう。

動画を出力・アップロードしよう

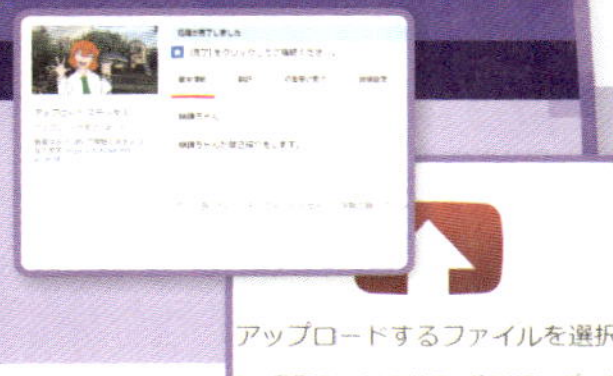

いよいよ最後の工程です。動画をひと通り確認して、問題がなければ最後に動画の出力・アップロードを行いましょう。

動画を出力する

動画の長さ（尺）を調節して、保存していきます。これを「出力する動画の範囲を設定する」といいますが、難しい工程はないので安心して進めてください。

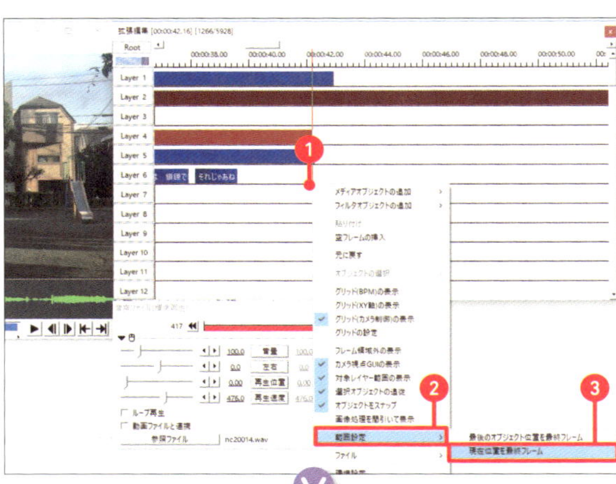

1 まずは出力する動画の範囲を設定しましょう。

今回のサンプル動画は、動画本編42秒に対して、BGMが3分以上あり、このまま出力すると2分以上背景を見ながらBGMを聞くだけという謎の動画ができあがってしまいます。なので録画した鎖鎌ちゃんの映像の、最後のあたりのフレームを選択し、タイムライン上で右クリック❶。「範囲設定」❷から「現在位置を最終フレーム」を選択します❸。

2 範囲設定を終えたら出力します。「ファイル」をクリック❹し、「プラグイン出力」をクリック❺して「拡張 x264 出力（GUI）Ex」を選択❻。いちばん初めに導入した出力プラグインですね。

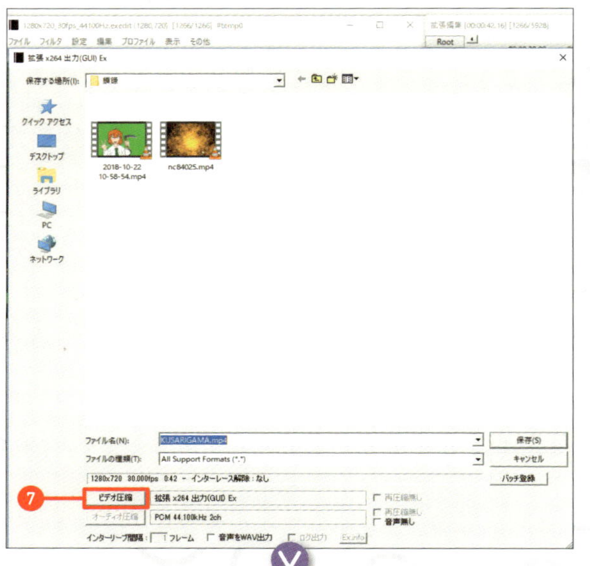

3 適当なファイル名を付けて「保存」……する前に、出力設定をします。設定せずに出力しようとしてもエラーが出る可能性が高いためです。画面下部の「ビデオ圧縮」をクリック7。

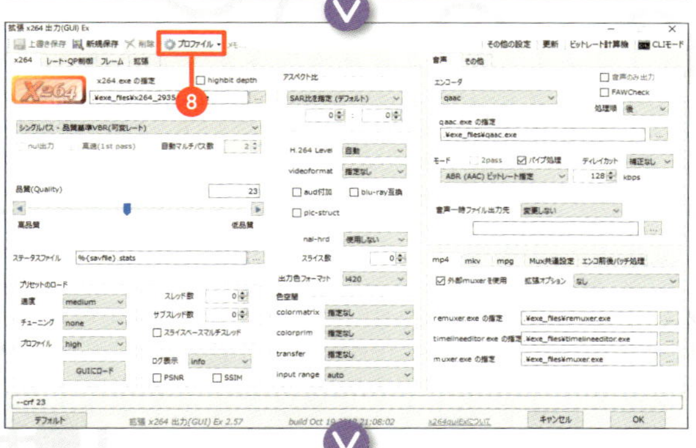

4 するとこのようなウィンドウが表示されます。パッと見「めちゃくちゃ設定する項目があって難しそう！」とビビってしまうかもしれませんが、大丈夫。簡単です。

上のメニューにある「プロファイル」をクリック8してください。

5 ここから「youtube」を選択9して、「OK」をクリックするだけです10。

あとは、ほかの設定は変更せず保存するだけ。出力には数分～数十分かかります。

出力が終わったら、動画ファイルを開いて確認してみましょう。動画に問題がなかったらアップロードします。

YouTubeに動画をアップロードする

いよいよ、保存した動画をアップロードします。アップロードしたらたくさんの人に見てもらえるよう、宣伝も忘れずに。

1 といってもここからは簡単。YouTubeの上部メニューからグレーのビデオカメラのアイコンをクリック❶し、「動画をアップロード」を選択❷。

2 すると次のような画面が表示されるので、作った動画をドラッグ＆ドロップする❸か、開いて選択します。

3 あとは、動画のタイトルや説明を入力❹して「完了」をクリック❺すれば、アップロード完了です！ お疲れ様でした。

オット！ 当然アップロードするだけではほとんど見てもらえませんよね。アップロードした動画はSNSやブログなどに共有してバンバン宣伝しましょう。見てもらってこそのVTuberですわ。

最後に、今回サンプルとして制作したこの動画も公開しておきます。参考にしてみてください。ではでは。

https://youtu.be/YKl-6u_bo1E

執筆 マシーナリーとも子

『アイドルマスターシンデレラガールズ』に登場する池袋晶葉ちゃんを応援するためにYouTubeを利用することを思いつき、発案から48時間でVTuberと化したサイボーグ。動画以外にもグッズ作ったりLINEスタンプやったりライターやったりなんか色々してます。あと人類は滅ぼします。
Webサイト：https://www.machinery-tomoko.com/

執筆・編集 リブロワークス

書籍の企画、編集、デザインを手がけるプロダクション。扱うジャンルはスマホ、パソコンアプリ、プログラミング、WebデザインなどIT系を中心に幅広い。最近の著書は『スライド図解 これ1冊でマスターできる! ネットワークのしくみと動きがわかる本』(ソシム)、『スラスラ読める JavaScript ふりがなプログラミング』(インプレス) など。
Webサイト：https://libroworks.co.jp

カバーデザイン　風マ篤士
本文デザイン・DTP　リブロワークスデザイン室
本文イラスト　マシーナリーとも子

スマホだけでもOK!
VTuberのはじめかた

2018年12月26日　初版発行

著者　マシーナリーとも子&リブロワークス　©2018
発行者　江澤隆志
発行所　株式会社洋泉社
〒101-0062
東京都千代田区神田駿河台2－2
電話番号　03－5259－0251(代)
印刷・製本所　サンケイ総合印刷株式会社

乱丁・落丁本はご面倒ながら小社営業部宛にご送付ください。
送料小社負担にてお取替えいたします。

ISBN　978-4-8003-1588-5
Printed in Japan
洋泉社ホームページアドレス　www.yosensha.co.jp